U0397439

给孩子的
STEAM
实验室

STEAM Lab
for Kids

【美】丽兹·李·海拿克　著

河马星球　译

华东师范大学出版社

图书在版编目（CIP）数据

给孩子的STEAM实验室/(美)丽兹·李·海拿克著；河马星球译.
—上海：华东师范大学出版社，2019
　　ISBN 978-7-5675-9092-2

　　Ⅰ.①给… Ⅱ.①丽… ②河… Ⅲ.①科学实验—儿童读物 Ⅳ.①N33-49
中国版本图书馆CIP数据核字（2019）第078477号

上海市版权局著作权合同登记　图字：09-2018-1000号

给孩子的实验室系列

给孩子的STEAM实验室

著　　者　[美]丽兹·李·海拿克
译　　者　河马星球
责任编辑　沈　岚
审读编辑　丁　倩
责任校对　时东明
装帧设计　卢晓红　宋学宏

出版发行　华东师范大学出版社
社　　址　上海市中山北路3663号　　邮编 200062
网　　址　www.ecnupress.com.cn
总　　机　021-60821666　行政传真 021-62572105
客服电话　021-62865537
门市(邮购)电话 021-62869887
地　　址　上海市中山北路3663号华东师范大学校内先锋路口
网　　店　http://hdsdcbs.tmall.com

印 刷 者　上海当纳利印刷有限公司
开　　本　889×1194　16开
印　　张　9
字　　数　280千字
版　　次　2020年6月第1版
印　　次　2022年10月第2次
书　　号　ISBN 978-7-5675-9092-2
定　　价　65.00元

出 版 人　王　焰

(如发现本版图书有印订质量问题，请寄回本社客服中心调换或电话021-62865537联系)

这本书献给我父亲——罗恩·李，

是他让我爱上科学

目　录

工程 ENGINEERING

艺术 ART

数学 MATH

推荐序

《给孩子的STEAM实验室》一书是那种家庭、图书馆和学校不可或缺的图书资源。每个与年轻求知者共度时光的成年人都熟悉这样的场景：他们不停地踱步、坐立不安或跑来跑去并发出噪声，还常常在遭遇问题之前就感到垂头丧气。"我能为他们做些什么？"尽管我们中的大多数人都知道，这些时刻可以成为这些年轻求知者探索未知和潜在可能性的契机，但我们并不总是有时间或确切地知道如何为他们布置一次完美的体验。《给孩子的STEAM实验室》则精心策划了五十余个能将无聊时光转化为动手时刻的小实验，在每一位父母或教育者发出"我能为他们做些什么？"的疑问时，可以提高时间的利用率。

我们可以感觉到，家将成为重构"STEM"（科学、技术、工程和数学）教学模式的理想场所，而"STEAM"（科学、技术、工程、艺术和数学）中"A"（艺术）的价值则在于帮助我们认识到创造力与"STEM"每个组成部分之间的辩证关系。数学和科学被局限于枯燥实验室或教室的日子已经一去不返了。这些学科是活生生的，它们就在我们的身边，以五花八门的，甚至有时稍显混乱的方式呈现和活跃于厨房的餐桌上。当"STEM"学科作为我们好奇心的具象出现时，整个学习气氛就会充斥着热忱和无尽的可能性。"STEAM"的教育方式将鼓励孩子探索未知，并帮助他们养成从失败中汲取积极教训的良好心态。

成年人应该清楚：支持"STEAM"教学法并不要求你必须是一位专业人士。实际上，你的小求知者也许会获益于你共同学习的意愿：向他们展示学习是一个勇于承担风险、作出尝试并在第一次尝试失败后进行反思的过程。本书可以轻松成为你们共同的指导书，弥补成年学习者可能在儿时错过的概念和奇妙现象。

在这本书中，我最喜欢的部分是单元5中的数学实验，滑稽的是，我恰巧属于容易被孩子定义为"一个不会数学的人"的那类父母，事实上，我正在通过学习逐渐成为一个"会数学的人"，而那些传统的用在教室里的数学教学法从来无法使我成为这样的人。

书中"技术"单元的一个实验起源于我在Mouse设计团队工作期间的经验，那时我们持续进行着一些可弥合美国普通学生与技术工程领域前沿之间鸿沟的试验。我们致力于帮助新的一代了解一套可以帮助每个人表达创想、造福世界的工具集成——STEM。

我希望你享受深入阅读这本书，这类图书资料将帮助我们所有人都参与到这些能使青少年全身心投入学习过程的挑战性尝试中。祝你玩得开心！

马克·莱塞（Marc Lesser）

Mouse学习过程设计部门高级指导员

前　言

《给孩子的STEAM实验室》介绍了52个偏重动手能力的实验项目，以此帮助孩子探索科学（S）、技术（T）、工程（E）、艺术（A）和数学（M）学科之间的关系。

一方面，艺术是我们经验的情感化诠释，另一方面，科学是以试验为基础的分析性追求，两者都能培养孩子的洞察力，促使他们与技术、数学和工程携手共进。被称作"立体派"的艺术家群体从未把他们自己设想为数学家，但他们确实以全新方式构造和重组了我们熟悉的事物，使得观者能够同时从多个角度观察同一物体，从而创造了几何学上的杰作。

爱达·勒芙蕾丝（Ada Lovelace）也许曾在织布机编织图案的方式中预见了计算机未来，路易斯·巴斯德（Louis Pasteur）对于镜片下微分子的突破性创见也许与他对艺术的痴迷和多年的版画创作经验关系匪浅，凯瑟琳·G·约翰逊（Katherine G. Johnson）则通过将数学的方法运用于航天工程规划出一条能把第一批人类安全送上月球的弹道。

"STEM"强调以数学和科学为基础，来解决工程技术问题的批判性思维，而本书还将艺术带入其中并置于核心位置。

包括纸雕在内，创造性动手实验将帮助孩子探索密度的概念，由被碾碎的硬糖做成的"彩色玻璃"将帮助孩子窥探熔点的奥秘，而切割水果则是一个帮助孩子了解分数、理解古希腊人如何生成原子概念的实操途径。《给孩子的STEAM实验室》使孩子能够通过制作简单机器人、可闭合电路和能点亮一盏LED灯的石墨图纸，轻松探索各种技术。

这个以艺术为取向接近"STEM"诸学科的途径激励着各种各样的学习者，每个实验的设计都以能生动地阐释有趣现象背后的概念、鼓励孩子追求他们兴趣所在为宗旨。这些实验能由个人独立操作，在一间房间中实施，也可以由亲朋好友合力完成。所以，打开音乐，拿出画笔，积攒足够的"蒸汽"式热情，投入到创造性学习中去吧！

概　述

这本书提供了52个完美适用于台面、书桌、草地和人行道的"STEAM"（科学、技术、工程、艺术和数学）实验。

每个实验都带有一个易于理解的说明，来帮你了解趣味背后的"STEAM"知识点，从而向你介绍新的词汇及与所属主题息息相关的其他妙想。这些实验，让你探索"STEAM"的过程，变得像执行食谱一样简单，每个实验都包含以下几个详细步骤：

→ **实验材料**
罗列出操作每个实验项目所需的所有材料。

→ **安全提示**
提供能使实验过程流畅进行的常识性安全指南和小提示。

→ **实验步骤**
带你一步步了解实验操作的过程。

→ **奇思妙想**
给你带来进一步推进实验的想法，以激发你的好奇心、发明力和解决问题的能力。

→ **科学揭秘**
提供针对实验的简明科学解释，就相关跨学科的话题进行延伸。

无论你正在探索的是艺术还是生物学，你的经验和创意都将给别人留下深刻印象。应该鼓励孩子们亲身参与实验，与实物进行直接接触，因为实验和发明的过程与结果同等重要。而成年人的支持，使他们不惧失败，全神贯注于自由探索的过程，测量、取样、搅拌、犯错和排除故障，各个环节都应该成为每个"STEAM"经历中不可或缺的组成部分。

你或许已经拥有这些实验所需的大多数材料，但"技术"实验部分可能需要提前准备物品。这些物资都可以通过网购获得，且大都相对廉价，胶带、麻绳、热熔胶枪、热熔胶棒、橡皮筋、纸张、记号笔、颜料和胶水都会在实验中派上用场。"技术"实验或许需要小型玩具马达、鳄鱼夹测试导线、5号电池座、电池扣和LED灯。

我和我的孩子已经尝试了书中的所有实验，如果你完全遵循实验步骤，它们应该能顺利进行。然而，这些项目有时会需要一些调整、练习或创新。当你学做一些新的事情时，耐心同样重要。请不要抵触将失败品拆解并从头开始，比如，当一枚LED灯没法发光时，你可能只是将它接反了（参见实验11"点亮小怪物"）。

记住，错误和排除故障要比完美实施更有意义，诸多科学失误都导向了伟大的发现。

单元 1
科学 SCIENCE

虽然自远古文明开始，人类的好奇心就一直在提出疑问、寻索真知，但我们今日所知的科学却主要起源于十七世纪。"科学"一词初创于1834年，直到那时，那些钻研自然及自然运行法则的人们才脱颖而出，被称作"自然哲学家"和"科学修习者"。

很长一段时间以来，科学主要是一小撮拥有闲暇、机遇、良好教育和足量金钱的人的追求。在十八世纪的英国，富有的家庭会邀请朋友到家中观看会客厅里的科学小把戏，神职人员、发明家、政治家和作家会聚集在咖啡馆中，谈论他们正在试验的想法和那些来自厨房水槽的大发现。

世殊时异，时至今日科学已经是人人共享的东西了——但厨房水槽仍是一个开始接触科学的好地方。为了遵循科学的方法论，你必须先问一个简单的问题，并就此建立一套假说，然后验证假说的真实性，最后从测试结果中得出结论。这个单元充满探索科学的创新性实验，科学家也是像这样用模型阐释事物如何运作，并随着科学知识的进步，改进模型。

我热爱神经科学和剧院，因为它们都问了我同样的问题：'我们为什么做着我们所做的事？我们在这里做什么？我们和他人、和这个星球、和宇宙之间的关系又是什么？'我决定给予这两者等量的爱意和注意力，并因我如今已在自己的职业生涯中以一个新奇有趣的方式将两者结合而感到由衷的高兴。通过想象多种多样的可能性并努力使它们成为现实，我可以带来一些有价值的新东西，一套能够使得世界更加美好的独特技能，并帮助回答那些宏大问题中的某一部分。

苏菲·史兰德（Sophie Shrand）

科学教育家、喜剧家、演员、歌手及"Science with Sophie"节目的创始人和主持人

被敲碎的糖果

实验材料

→ 烤箱

→ 透亮多彩的硬糖

→ 一些小号自封袋（每种颜色的糖果各装1个袋子）

→ 1个大号自封袋

→ 防护眼镜

→ 锤子

→ 烤盘

→ 防粘喷油瓶

→ 5～10个曲奇模具

通过熔化硬糖来制作一个美丽的、可食用的艺术品吧！

图4：将破碎的糖果烤至熔化状态，漂亮极了！

实验步骤

第1步： 将烤箱预热到180℃。

第2步： 剥开糖纸，将硬糖按颜色分类。（图1）

第3步： 把糖果按颜色分别放进1个小号自封袋，封上袋子；再把所有小号自封袋放进一个大号自封袋里，封上大袋子。

第4步： 戴上防护眼镜，用锤子敲碎袋子里的糖果。（图2）

第5步： 在正式使用前，可以将这些被敲碎的糖果储存在冰箱中。

第6步： 正式使用时，先在烤盘上喷一层油雾。

第7步： 将曲奇模具放在烤盘上，再喷上一些油雾。

第8步： 把不同颜色的糖果碎片装进这些曲奇模具里，确保模具内的糖果碎片厚度约为1.5厘米。（图3）

🪖 安全提示

→ 成年人的督导在这个实验中是必不可少的。熔化的糖果既热又黏，可导致烫伤。

→ 请在敲碎糖果的时候戴上防护眼镜。

→ 形状简单、底部平整、贴合烤盘的曲奇模具是实验所需的最佳选择。

图1：按颜色分类硬糖。

图2：将糖果装在两重袋子里,用锤子敲碎。

图3：把敲碎的糖果放进曲奇模具中。

图5：把多彩的"糖玻璃"从曲奇模具中取出。

图6：吃掉你的作品吧！

第9步：把烤盘放进烤箱烤5分钟，直至糖果熔化，看起来像彩色玻璃（图4）。

第10步：取出烤盘，放至糖果完全冷却。

第11步：小心地将彩色糖果从曲奇模具中取出（图5）。

第12步：可以吃掉你的作品了。

科学揭秘

大多数清澈透亮的硬糖都有着一种被食品科学家称为"玻璃"的结构。比起你在蔗糖和冰糖中所能看到的独立糖晶体，它的结构混乱无序。制作硬糖时，制作者会在熔化的蔗糖中加入玉米糖浆（葡萄糖和果糖）来防止糖分子结晶。玉米糖浆中的长糖链将阻碍晶体的形成，因此硬糖在冷却后仍能保持透明和玻璃状。

自中世纪以来，彩绘玻璃艺术一直生生不息。与硬糖不同，真正的玻璃是由二氧化硅——也是沙子的主要成分制成的。

 **奇思妙想**

尝试熔化不同类型的糖果，看看会发生什么。

自制草籽宠物

1000101010101000000001010101010101010100001010101010001000000

实验材料

→ 雕塑用陶土

→ 容量为150毫升的纸杯若干（每个草籽宠物都需要一个单独杯子）

→ 盆栽泥土或院子、花园、公园里的泥土

→ 勺子

→ 1茶匙可发芽的草籽

→ 牙签（或叉子）

图1：如果使用的是普通黏土，在过于潮湿的情况下可能破碎。

创造一个有着活生生"皮毛"的动物，以此来了解植物的萌芽吧！

图6：观察植物发芽和生长的情况。

🪖 安全提示

→ 如果你在这个实验中使用的是普通黏土，它可能会在过于潮湿的情况下破碎。

---

*编者注：原作中使用奇亚籽，这对中国而言属入侵物种，因此可以更改为国内常见的小萝卜籽或草籽。

实验步骤

第1步：用雕塑用陶土围着一个纸杯进行简单塑形。（图2）

第2步：用更多陶土将杯子塑形成一头动物、一只小怪物或某个幻想中的生物的形状。（图3）

第3步：将泥土倒入纸杯内，加至与纸杯口平齐。（如果你要从自家院子以外的地方挖土，请确保你的行为能得到许可）

第4步：往泥土里倒上草籽，用1根牙签（或1个叉子）将它们与表土混合。（图4）

第5步：给草籽浇上适量水，直到杯内泥土摸起来潮湿却没有被水泡透。（图5）

第6步：每天检查，并按照保持泥土湿润的需求量给草籽浇水。（图6）

图2：用雕塑用陶土围着纸杯塑形，开始制造你的宠物。

图3：把杯子塑形成一只动物或别的什么的形状。

图4：往杯内的泥土里加草籽。

图5：给草籽浇水。

第7步：当草籽种子都充分发芽的时候，为你的草籽宠物画个像。

🔆 奇思妙想

　　记录种子发芽时间并测量植株的长度。以种植天数为x轴、以植株长度为y轴，绘制一张图表。

　　用草籽和泥土创造一个更大的艺术品，用这些种子设计图案或迷宫，在棕色的泥土和绿色的嫩芽之间制造出颜色反差。

.... 科学揭秘 ....

　　"发芽"是种子（孢子）向植物转化的进程。当你给予草籽发芽的信号——水、光、温暖的环境和空气——它们就会快速成长。几天之内，你应该看到小小的白根率先冒出头来，随后是芽和叶片。

　　一些艺术家会将活体植物、真菌，甚至藻类、细菌等微生物融入他们的作品中。通常，他们使用这些生命系统来展现生长、环境、自然资源、生命周期和衰亡的主题。

水晶艺术品

10001010101010010000000010101010010000101010100100100000

实验材料

→ 毛根若干（每个作品需要1～2根）

→ 2个或3个容量为150～285毫升的透明玻璃瓶（如果恰好没有这样容量的容器，任何别的尺寸的玻璃瓶也行）

→ 泻盐（约720克）

→ 大平底锅（或适用于微波炉的容器）

→ 放大镜（可选）

→ 水（约475毫升）

→ 食用色素（可选）

→ 铅笔（或木签）

→ 炉子

→ 微波炉（可选）

用毛根、泻盐和水培育一个美丽的水晶雕塑吧！

图5：从瓶子中取出水晶般的艺术品。

🪖 安全提示

→ 在儿童处理滚烫液体和泻盐时，必须有成年人在旁督导。

实验步骤

第1步： 把毛根扭成富有趣味的形状。确保它们小到能被放进玻璃罐里。（图1）

第2步： 把泻盐倒进大平底锅（或适用于微波炉的容器）。先用放大镜观察这些晶体，你看到了什么？

第3步： 把水倒进泻盐中。

第4步： 在高温的炉火上（或以高温档在微波炉中）加热、搅拌溶液2～3分钟，直至泻盐彻底溶解。

第5步： 把平底锅从炉子上移除（或将容器从微波炉中取出），将泻盐溶液放至冷却。

第6步： 把溶液倒进玻璃瓶中。

第7步： 根据需要加入食用色素。（图2）

图1：把毛根扭成各种好玩的形状。

图2：把泻盐溶解在水中，并根据需要添加食用色素。

图3：把毛根作品垂入溶液中。

图4：让晶体生长一夜。

第8步： 在1根铅笔（或木签）上悬挂毛根作品，使它垂入瓶内的溶液中。（图3）

第9步： 让晶体生长一夜。（图4）

第10步： 从瓶子中取出水晶般的艺术品。（图5）

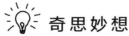 **奇思妙想**

绘制或拍摄下这些晶体，用放大镜观察它们。

试着在其他物体上培育泻盐晶体，如蛋壳。

科学揭秘

"七水硫酸镁"是泻盐的另一个名称，这个颇具利用价值的矿物由硫酸镁和水制成，被用于医药和农业。

在水中加入大量泻盐并将其加热能制成一种被科学家称为"过饱和溶液"的东西，它能溶解远多于正常室温下可溶解的盐分。当溶液冷却后，一部分盐分子将会首先附着在毛根的毛上，而其余的盐分子则开始像拼图碎片一样衔接在这部分盐分子上，最终创造出能够形成晶体的重复性的三维结构。随着越来越多的盐分子附着上来，晶体逐渐变得肉眼可见。你会注意到，即使它们的尺寸可能不同，形状却总是一致的。

你可以在包括中国玉器和法贝热彩蛋在内的许多艺术品上找到宝石或其他晶体的身影。

晕 染 指 尖 陀 螺

实验材料

→ 4枚滑板轴承（可在网上商店或实体滑板店购得）

→ 1张纸

→ 铅笔

→ 直尺

→ 强力胶（或万能胶）

→ 1根白鞋带

→ 不同颜色的永久性记号笔

→ 托盘（或滤锅）

→ 医用酒精

→ 热熔胶枪和热熔胶棒

用滑板轴承、强力胶和物理原理制作一个超酷的陀螺玩具，再用一根经彩笔晕染的鞋带定制你的私人设计。

图4：用热熔胶枪把鞋带固定在陀螺上。

 安全提示

→ 不建议5岁以下的儿童尝试这个实验。

→ 儿童必须在成年人的监护下使用强力胶、尖锐物、医用酒精和热熔胶枪。

→ 如果涂的胶水过多，轴承将会和纸张粘在一起。

实验步骤

第1步：用尖锐物撬开1枚滑板轴承的盖子，你将会看到里面的滚珠轴承。（图1）

第2步：在纸张上画一个6厘米×6厘米的正方形，连接两条对角线，把1枚轴承放在对角线的交点上，把剩下的3枚等距地环绕在它周围。用直尺来检查你放置的距离是否一致。（图2）

第3步：在3个轴承之间的连接处，各滴上1滴强力胶，等待胶水干燥。

第4步：把陀螺翻到反面，再在每个连接处滴上1滴胶水。

第5步：胶水变干后，将陀螺侧立起来，在每个连接处的每一面各滴上一滴胶水。

第6步：在鞋带上用永久性记号笔点出许多斑点。

第7步：在通风良好的区域内，将鞋带悬挂于托盘或滤锅上方，在斑点处滴上医用酒精。（图3）将其彻底风干。

图1：移开中心轴承的盖子，露出滚珠轴承。

图2：把轴承拢在一起，用强力胶粘起来。小心，别把胶水弄到轴承需要移动的部位上。

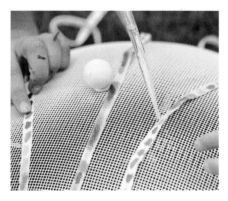

图3：在鞋带上用记号笔绘成的斑点处滴上酒精，创造你的独家设计。

图5：试试你的陀螺。

第8步：用热熔胶枪把鞋带固定在陀螺的外沿，用热熔胶填充鞋带和轴承之间的空隙。（图4）

第9步：把陀螺转起来！（图5）

 奇思妙想

　　在中心轴承不变的情况下，尝试寻找其他可充当陀螺外沿的替代物。你能用热熔胶制造出陀螺模具吗？（参见实验34）

········ 科学揭秘 ········

　　如果你仔细观察1枚滑板轴承，你会发现连接轴承中心和可旋转外延的部分不过是几个滚珠轴承，这意味着零件各部之间的摩擦几近于无。如果你以中心轴承为轴，旋转你的这个陀螺玩具，玩具的中心轴承就会成为"旋转轴"。

　　陀螺外围的3枚轴承则为玩具提供了转动惯量，而转动惯量能给予玩具一种名为"角动量"的物理量，使它能保持旋转状态直至中心滚珠轴承的摩擦力使之减速。

　　永久性记号笔的颜料被附着在不溶于水的油墨化合物中，如果你加入一种溶剂，如医用酒精，油墨化合物就会被溶解。当酒精顺着你正在装点的布条蔓延时，染料就会随之蔓延。

用柠檬汁画出的彩蛋

实验材料

→ 1个已切成两半的紫甘蓝

→ 大煮锅

→ 水

→ 12个白壳鸡蛋

→ 棉签

→ 柠檬汁（或白醋）

→ 漏勺

→ 刀

→ 炉子

在用紫甘蓝染色的鸡蛋上绘制粉红色图案，以此来了解酸碱指示剂。

图4：柠檬汁里的酸将紫甘蓝汁染成粉色。

🪖 安全提示

→ 在儿童切割和煮沸紫甘蓝、鸡蛋和水时，必须有成年人在旁监护。

实验步骤

第1步：把半个紫甘蓝切碎，放到大煮锅里。（图1）

第2步：在锅中加入鸡蛋，倒入正好没过紫甘蓝和鸡蛋的水。（图2）

第3步：把锅放到炉子上煮沸10分钟。把锅从炉子上取下。

第4步：用漏勺取出紫甘蓝汤中的鸡蛋，把它们晾干。

第5步：再把鸡蛋放回锅里，使它们浸泡在汁液中。重复这一过程，直至蛋壳染上美丽的蓝色或紫色。

第6步：把1根棉签在柠檬汁（或白醋）中蘸一下，用它在紫色的蛋壳上绘制图案。（图3、图4）

第7步：剥掉蛋壳，吃掉你的实验品。（图5）任何吃不完的鸡蛋都可以在未剥壳的情况下被冷藏约一周时间，以便稍后食用。

图1：把半个紫甘蓝切碎。

图2：把白壳的生鸡蛋和紫甘蓝放在一起，加水煮沸10分钟，以此为鸡蛋壳染色。

图3：用棉签蘸柠檬汁，在鸡蛋上绘制图案。

图5：剥掉蛋壳，吃掉你的实验品。

奇思妙想

在一小杯水中溶解1匙小苏打，用棉签将溶液涂在一个紫色蛋壳的鸡蛋上。蛋壳变成什么颜色了？

用剩下的紫甘蓝汁为咖啡过滤纸上色，用它们制成石蕊试纸，或用柠檬汁在滤纸上绘画。

科学揭秘

我们这个世界上的一切事物都是由一种叫做"原子"的微小粒子构成的，当原子们结合起来，就构成了分子。色素是给予事物颜色的分子。

紫甘蓝含有一种能在水中呈现紫色的色素，它会在你加入柠檬汁、醋等酸性物质时变成粉色。这一现象的发生是由于酸会改变色素的结构，使之以不同的方式吸收光线。

如果你在紫甘蓝汁中加入一种碱，如小苏打，色素将再次改变结构，随后呈现出绿色或蓝色。科学家把这些会根据酸性或碱性环境改变颜色的色素称作"酸碱指示剂"。

你还能用这些变色染料设计出怎样的物品，如纺织品、绘画或雕塑作品呢？

桌上的水域生态系统

实验材料

→ 防护眼镜
→ 锤子
→ 钉子
→ 带金属盖的大玻璃瓶
→ 干净的（冲洗过的）碎石子（数量足够覆盖瓶子底部和植物的根部即可，铺开后需有约5~7.5厘米厚）
→ 水生植物：从池塘收集或从宠物店直接购入。如伊乐藻、爪哇蕨、水蕴草、小水榕、爪哇苔藓和苔球。
→ 无氯水（让水在水壶中沉淀一夜或使用瓶装纯净水）
→ 水生蜗牛（可选）
→ 水生虾（可选）
→ 藻类颗粒（作为虾和蜗牛的食物）

在瓶子里创造一个自给自足的生态系统吧！

图5：欣赏成果吧！

安全提示

→ 请在给瓶盖开孔时佩戴防护眼镜。
→ 请把你的水域生态系统放在阳光无法直射到的地方，以防藻类生长过快。

实验步骤

第1步：戴上防护眼镜。用锤子和钉子在瓶盖上钻一个孔。

第2步：把冲洗过的碎石子铺在瓶子底部。（图1）

第3步：在瓶内放入水生植物，用碎石把它们的根埋起来以便加水后保持固定。（图2）

第4步：在瓶内装满无氯水。根据需要再次固定瓶内的植物。（图3）

第5步：轻柔地往水中加入苔球、蜗牛和虾。

图1：在瓶中放入冲洗过的碎石子。

图2：放入水生植物。

图3：在瓶内装满无氯水。

图4：轻柔地把蜗牛和虾放入这个生态系统中。

第6步： 往瓶中加入1个或2个藻类颗粒，盖上瓶盖。

第7步： 欣赏你桌上的水域生态系统吧！（图5）

奇思妙想

绘制一幅图表，用来反映你所创造的水域生态系统中营养物质和气体的循环过程。制作一个陆地生物养育箱并绘制另一幅相似的图表。将它们进行比较，你有什么发现？

了解水循环系统，通过创作一个故事或绘制漫画来表现一个水分子经由水循环系统在世间经历的旅行。

科学揭秘

近似于你的学校或邻里，生态系统是一个个社区。这些复杂的、相互联系的系统由有生命的生物和无生命的部分共同组成，它们和谐地循环着，一同构成供养生命所需要的微妙平衡。

在这个实验创造的微型系统中，植物吸收二氧化碳并释放出足够支持蜗牛生存的氧气；蜗牛以藻类为食并产生有机（含碳）排泄物；这些排泄物又可作为植物的肥料，促使植物生产更多氧气。

像生物圈这样的大型生态系统，由地壳、水、大气和地球上的所有生物组成。水、气体和其他元素不断通过物理系统和生物体循环系统，维持着供养这个美丽星球上生命所必需的条件。

野花纸

实验材料

→ 碎纸（便宜的、高克重的美术纸、卡纸或水彩纸）
→ 碗
→ 水
→ 搅拌器
→ 从野外摘来（或取自种子包）的野花种子
→ 圆形金属环（或饼干模具）
→ 滤网
→ 新鲜的花瓣（叶子或草本植物，可选）
→ 打孔器（可选）

用搅拌器混合碎纸和少量种子吧！

图4：加入额外的种子和花瓣作为装饰。

🪖 安全提示

→ 儿童应在成年人的监护下使用搅拌机和碎纸机。
→ 制成的野花纸需要立即风干，请勿把它密封在一个塑料袋内，否则它可能会发芽或发霉。

实验步骤

第1步：用手或碎纸机撕碎你准备的纸张，一直撕出大约950毫升容量的碎纸片。

第2步：把这些纸片放进一个碗里，加入足够没过碎纸的水，浸泡一个小时以上。

第3步：把浸泡过的碎纸和一些水加入搅拌机中，搅拌成细腻的纸浆。（图1）在搅拌过程中，根据需要加入更多的水，以便形成潮湿但非流体的混合物。

第4步：在混合物中搅入一些野花种子。不要全部放入，记得留下一小部分作为后续装饰。（图2）

第5步：把金属环放在滤网上方，将纸浆压入金属环内，让多余水分经下方滤网挤出。（图3）

第6步：在金属环内的纸浆上加入额外准备的种子和花瓣作为装饰。（图4）

图1：用搅拌机把浸透的碎纸搅成纸浆。

图2：混入野花种子。

图3：把混入种子的纸浆按入置于滤网上方的金属环内。

图5：观察野花的生长！

第7步：让这些纸制的碟状物干透。把它们从金属环中取出。

第8步：如果你想把这些纸做成礼物标签，可以给它们打孔。

第9步：把这些碟状物放进泥土里进行种植，按需浇水并观察它们的成长。（图5）

 ## 奇思妙想

可以用曲奇模具替代金属环来制造出有趣的纸浆形状。

在花园或花盆中，用野花纸来创造一个鲜活的艺术设计。

········ 科学揭秘 ········

种子是休眠中的未成熟的植物。它们披着一件保护性的外套——这在它们完成发芽准备工作前有助于保证它们的安全。它们正密切注意着生长机遇到来的信号，这些信号包括一定的湿度、适宜的温度和阳光。

一旦一颗种子长出它的第一条根须，它就会被固定在一处。幸运的是，种子包含着它们长出第一批芽和叶子所需要的营养。当一株植物开始生长，种子就会随植物幼体消耗掉其中的能量而走向萎缩。如果足够好运，它伸出的根会找到一个固定植株的好地方，并吸收到更多的水分和养分。

这个实验中的野花纸能在你种下这些种子之前保护它们，并营造一个干燥的环境，然后，它会通过保持水分和提供一个坚实的落脚点为植物生长打造一个完善的根据地。

彩虹黏液

实验材料

→ 1瓶（150毫升）胶水
→ 6个小杯子（或小罐子）
→ 小苏打
→ 不同颜色的食用色素
→ 含有硼酸（或硼酸钠）
  的隐形眼镜护理液
→ 小木棒（或塑料勺）

图5：将黏液密封储存。

 安全提示

→ 黏液可以玩，但不能吃！
→ 儿童必须在成年人的监护下进行此实验。

用胶水和隐形眼镜护理液来制作彩色黏液颜料吧！

实验步骤

第1步：把胶水平分在各个杯子或罐子里。（图1）

第2步：在每个杯子中加入一小撮小苏打，搅匀。（图2）

第3步：用食用色素给各个杯子上色——黄色、橘色、红色、紫色、蓝色和绿色。可以混调出你所缺少的颜色：蓝色加上黄色会变成绿色；红色加上蓝色会变成紫色。

第4步：在每个杯子里加入大量隐形眼镜护理液，搅拌。（图3）

第5步：检查黏液。如果黏液仍然太稠的话，就加入更多的隐形眼镜护理液，搅拌至湿软却不黏糊的状态。将它从杯子中取出，用指头揉搓来更好地进行混合。

第6步：当你将黏液都准备好时，就可

图1：把胶水放进小容器中。

图2：混入一小撮小苏打和一些食用色素。

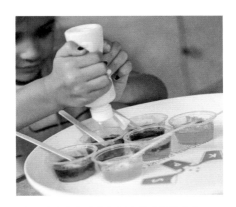

图3：在各个杯子中加入隐形眼镜护理液。

图4：在一个罐子里分层叠放你制造的黏液，以此造出一个彩虹。

以用它来制造彩虹了。（图4）

第7步：把剩余的黏液储存在密封的杯子、罐子或密封袋中。（图5）

💡 奇思妙想

通过混合不同比例的三原色——红、黄和蓝，制造出更多的颜色黏液。试着在黏液中加入剃须泡沫（或乳液）来创造出全新的质感。

……… 科学揭秘 ………

胶水是一种被称为"聚合物"的化学物质。聚合物是分子的长链，通常情况下，这些长链可以越过彼此移动，这也是液体胶水能从一个容器进入另一个容器的原因。

当你把隐形眼镜护理液加到液体胶水里时，溶液中的硼酸就会和小苏打生成一种叫做"硼酸盐"的化学物质。硼酸盐是一种叫做"交联剂"的特殊混合物，它能把所有长链上的胶水分子串联成一个大而黏稠的球形。

彩色糖球点心

实验材料

→ 装满植物油的广口瓶
（有一定高度）

→ 果冻粉（浅色的效果
最好）

→ 6～12个透明玻璃杯
（或塑料杯）

→ 小平底锅（或适用于微
波炉的碗）

→ 琼脂片（20克）

→ 水（570毫升）

→ 全脂椰奶（235毫升，
非淡椰奶）

→ 砂糖（50克）

→ 带盖的软塑料尖嘴瓶
若干

→ 食用色素

→ 1个装满冰块的中型碗

→ 漏勺

尝试这个美味的实验，学习大厨们制作球状食品的过程。

图3：把琼脂滴入冰冻过的油中，以此来制作球体。

🪖 安全提示

→ 儿童应在成年人的监护下处理热果冻和琼脂。请确保果冻
和琼脂已冷却至安全温度后，再把它们转交给儿童。

→ 在制作琼脂彩球时，请把植物油放在冰块上，以免重复
冷却。

实验步骤

第1步： 把装有植物油的瓶子放进冰箱
的冷冻柜或一桶冰中冷却，直
到它变得厚重、冰凉，但尚未
被冻成固体。

第2步： 按照果冻粉包装上的指示，用
最快的方法处理果冻粉。当它
冷却至一个安全的温度时，将
其中大部分倒入杯子中，每个
杯子约半杯满。用可微波的容
器留下约120毫升待用。（图1）

第3步： 将琼脂和水煮沸，持续搅拌，
直到琼脂完全溶解。

第4步： 放入椰奶和砂糖，混合均匀。

第5步： 把混合物从热源处移开，使它
自然冷却。把它分装在尖嘴瓶
中，用食用色素给每一份混合
物上色。（图2）

第6步： 把装着冷油的广口瓶放在装
有冰块的碗里（或一个平面

图1：混合一份果冻粉，再留下120毫升果冻待用。

图2：制作琼脂和椰奶的混合物，把它装入软塑料尖嘴瓶中，用食品色素给每份混合物上色。

图4：把彩球加入果冻中。

图5：等待果冻冷却。

上）。慢慢把椰奶和琼脂的混合物滴入冷油中，以此来制作球体。（图3）

第7步： 用漏勺从冷油中收集球体。

第8步： 用水冲洗彩色球体，在每份果冻中加入一些彩球。将放在容器中待用的果冻放入微波炉中，然后取出浇在球体上方，确保彩球被裹在果冻中。（图4）待果冻冷却后享用它！（图5）

奇思妙想

等待一杯彩球甜点干透，然后看看会发生什么。

科学揭秘

琼脂是一种取自红藻细胞壁的物质。它常被用于烹饪和科学实验，且拥有比用于制作果冻等甜品的明胶更高的熔点。所以，如果把一片琼脂凝胶加入溶解的明胶中，琼脂并不会溶化，除非明胶极热（约66℃）！这使得你可以在明胶中制作琼脂艺术品。

这个实验使用了一项叫做"冷油球化"的技术来制作琼脂点缀，在把椰奶和琼脂的混合物滴进冷油后，混合物将会在下落过程中形成固化的完美球体。

在实验室中，科学家使用琼脂来制作培育微生物的营养基质，因为它不会在培育器的高温下熔化。他们还用它来实现凝胶电泳过程，这是一种可以按照分子大小来分离DNA和RNA分子的方法！

甜蜜分子

1000101010100100000010001101011101001011010100011010010101010100011000000

实验材料

→ 不同颜色、不同种类的
  软糖（如橡皮糖和小
  熊软糖）
→ 牙签
→ 竹签（可选）
→ 苹果（可选）

使用糖果"原子"来制作可食用的分子模型吧！

图2：使用牙签来连接糖果，创造新的分子。

🪖 安全提示

→ 儿童必须在成年人的监护下食用糖果，避免卡喉风险。

实验步骤

第1步： 在科学书籍或网络上查看一些
分子的示意图，比如水、氨、
二氧化碳、苯和DNA。

第2步： 决定好用哪种糖果代表哪种原
子和分子。（图1）

第3步： 在指示图的引导下，以牙签连
接糖果来创建分子模型。1根牙
签可以代表1个单键，2根牙签
可以代表1个双键。（图2）为
不同的原子类型选择不同颜色
的糖果。

第4步： 如果有准备的话，可以把大分
子串在更长的竹签上，再固定
在苹果上。（图3）

第5步： 你能制作出几种分子？（图4、
图5）

图1：选择代表原子和分子的软糖。

图3：用竹签固定大分子。

图4：你能制作出多少种分子？

图5：这是一个用糖果做成的DNA链。

……… 科学揭秘 ………

我们所处的这个世界上的一切事物都是由一种叫做"原子"的微小粒子构成的。这些原子之间能相互作用，并与其他原子形成化学键来支撑一个名为"分子"的更大的结构。

尽管原子和分子都过于微小，以至我们的肉眼根本不可见，科学家仍对它们非常了解，并能预测出它们的二维或三维结构。

触觉给予我们认知和记忆。像本实验这样制作分子模型，能让我们通过双手感知并理解概念。

或许这就是雕塑艺术品如此动人的原因。我们可以通过眼睛欣赏雕塑作品，感受其试图传达的东西，还可以通过双手触碰它们。

🔆 奇思妙想

进行一些有关水分子之间如何相互作用的研究。用糖果制作一大批水分子模型，把它们放在一张曲奇纸或一大张普通纸张上，再依次构造出类似水蒸气、液态水、冰的结构组织。用照片记录下每一次模拟结果并进行对比。

技术 TECHNOLOGY

在古希腊的皮格马利翁神话中，雕塑家与一尊自己创造的大理石像坠入爱河，然后石像真的活了过来。今天，现代世界正与技术以及帮助我们进行创造的交互设备"热恋"。

近几十年来，我们已经实现了一些从前看似不可能的想法。技术已经从多方面改善了我们的生活，它是一种拥有反作用的媒介，如同我们塑造着技术，这些我们创造的产品也改变了我们，我们必须不断学习如何与它们共同生活。

由于技术是我们生活中如此重要的一部分，理解一些维持现代世界运转的基本科学原理和工程技术是很有必要的。大多数技术都以电力为能源，电力能启动马达、给电脑供能、点亮LED灯（发光二极管）。

在本单元中，你将尝试亲手使用各种技术组装电路、点亮LED灯、摆弄太阳能电池、旋转马达和制造简单机器人。

创造力和科学是未来技术的连接点。通过一年半欢闹的尝试和失败，我们创造出了一把世人从未见过的小提琴。'Hovalin'是一把由书呆子制作、给书呆子使用的3D打印小提琴。创造它的过程是一次充满爱的劳作，需要软件知识、小提琴技艺、3D设计和拥抱失败的能力。

凯特琳·豪威（Kaitlyn Hova）
UX的开发者、神经科学家、小提琴手、作曲家及Hova实验室的创始人之一

点亮小怪物

实验材料

→ 2个LED灯

→ 2个3伏纽扣电池

→ 1个纸杯（用来作为怪物的主体）

→ 手工用具，例如：

　· 剪刀

　· 记号笔

　· 美术纸

　· 毛根

　· 冰棍棒

　· 橡皮泥

　· 塑料叉子（或勺子）

　· 胶带

---

*若要了解Mouse，请见本书第140页或访问mouse.org网站。

"LED"代表发光二极管。你已经见过许多LED——智能手机的指示灯、路灯、电脑的电源按钮、微波炉上的指示灯。在这个来自Mouse*的实验中，我们将通过创造一个由LED灯点亮的小怪物，以此来学习简单电路是如何工作的（使某个东西亮起来其实可以简化为连接电源和光源）。你将设计一个怪物、动物或任何其他生物，通过使用LED灯和小小的纽扣电池来制作一个电路，点亮它。

图4：用胶带把LED灯和电池粘在一起。

 安全提示

→ 纽扣电池和LED灯均有卡喉风险，儿童应在成年人的监护下完成本实验。

→ 当心短路！请确保LED灯的正负极不会相互接触！它们应该被彻底分开。如果它们相互接触，就将造成一次破坏LED灯的短路。

实验步骤

第1步： LED灯的两条"腿"是由导电金属制成的，用于连接电路。长一些的"腿"是正极（+），短一些的是负极（–）或"接地端"。

第2步： 尝试通过接触纽扣电池点亮你的LED灯。长的那条"腿"需要连接电池的正极（+），短的那条"腿"需要连接电池的负极（–）。如果它没能亮起来就再试一次。

第3步： 设计你的小怪物，它至少要包含两个LED灯，至于小怪物长什么样则都取决于你。在开始制作之前，想一想，你想制作什

图1：尝试点亮你的LED灯。

图2：设计并开始制作你的小怪物。

图3：为LED灯在纸杯上钻孔。

么样的怪物。如有需要，你可以画一张示意图。（图2）

第4步：把LED灯的"腿"穿过杯子，固定在杯子上的合适位置。方便起见，你可以用剪刀或一支铅笔来钻孔。（图3）

第5步：把LED灯的正极和负极连接到电池对应的正、负极上，用胶带固定。用同样的方式处理另一个LED灯。（图4）

第6步：用手工工具或你身边能找到的其他材料来完成你的设计。给你的小怪物拍张照片。（图5）

图5：在装饰环节放飞你的创造力！

 **奇思妙想**

如果电池被放在1米距离远，你该如何使你的LED灯亮起来？
你可以用1个3伏电池同时点亮几个LED灯吗？试一试吧！

自制迪斯科灯球

实验材料

→ 胶水
→ 亮片（或珠片）
→ 泡沫球
→ 微型低速DC（直流）马达（或齿轮马达，转速100转/分钟或以下）
→ 胶带
→ 手电筒
→ 5号电池盒（带开关和导线，可装2节电池）
→ 2节5号电池

在自制的迪斯科灯球映射出的旋转星光下翩翩起舞吧！

图5：享受你的迪斯科灯球吧！

 安全提示

→ 儿童应在成年人的监护下使用电池。

实验步骤

第1步：用胶水在一个泡沫球的表面粘满亮片。（图1）

第2步：将球连接到齿轮马达旋转的部位上。如果有使用胶水，请确保不要把活动的部分粘上，只使用少量胶水以确保还能把球取下。

第3步：将电池盒上的导线连接到马达的两处接线端上。

第4步：把电池放进电池盒，通过打开电池盒上的开关来测试马达。（图2）

第5步：用胶带把电池盒固定至马达邻近的台面下或台面上。

第6步：用手电筒从几个不同的角度照亮迪斯科灯球，以此决定手电筒的摆放位置。用胶带把手电筒固定到合适的位置上，打开

图1：把亮片粘到泡沫球上。

图2：把泡沫球连接到一个齿轮马达上，为马达连上电池盒。

图3：决定在哪里摆放手电筒。

图4：用胶带把所有的东西固定好。

开关。（图3、图4）

第7步： 打开电池盒上的开关，享受这场灯光秀吧！（图5）

🔆 奇思妙想

制作不同尺寸的迪斯科灯球，将它们固定到马达上，看看会发生什么。

在纸张的一个角落处绘制一个光源，再在纸张中心处画上一个苹果。试着描绘光源照射到苹果的光线，看看将如何绘制反射光。阴影将落在哪里？同理，尝试描绘光照在湖面波纹上的场景。你要怎么描画？白天时辰的改变会影响光源效果吗？

科学揭秘

大多数物体不会自己发光。相反，它们总是反射或散射其他物体发出的光，比如太阳和灯泡的光。

想象一道光线照射在一面平坦的镜子上，光由一定角度照到镜子的表面上，在这里，入射光与垂直于表面的法线的夹角称为"入射角"；然后，光由一定角度反射而出，在这里，反射光与垂直于表面的法线的夹角称为"反射角"。反射光以与入射光完全一致的角度从垂直于平面镜的假想平面的相反侧射出。

镜面球集合了许多不同角度的反射表面，所以当它被光照到时，反射将面向四面八方。

艺术家花费了很长时间思考如何在他们的作品中描绘光。由于不断变化的类镜面表面使得光的反射模式非常复杂，因此绘画波浪和流水非常需要技巧。

太阳能萤火虫

利用太阳能来制作发光的花园装饰品吧！

图6：看着你的萤火虫在太阳落山后亮起来。

实验材料

→ 小型太阳能LED花园灯
→ 1～2根金葱毛根（或1根彩色金属捆扎带）
→ 鱼线
→ 剪刀
→ 热熔胶枪和热熔胶棒

安全提示

→ 儿童必须在成年人的监护下使用热熔胶枪。

实验步骤

第1步：取下太阳能花园灯的塑料外壳。如果太阳能灯有开关的话，把开关打开。（图1）

第2步：把1根金葱毛根（或彩色金属捆扎带）弯曲成一个能放进塑料外壳里的小萤火虫。用热熔胶枪给小萤火虫连上一些鱼线。（图2）

第3步：把鱼线剪到合适的长度，使萤火虫能垂入塑料外壳中，并悬挂在靠近LED灯处。

第4步：用热熔胶枪把鱼线的另一端固定至这个LED灯的附近，（图3）再罩上塑料外壳。

第5步：装饰你的灯，把它挂在树枝上或放进迷你花园中。（图4）

图1：取下小型太阳能花园灯的塑料外壳。

图2：用1根金葱毛根做一个小小的萤火虫，再接上一根鱼线。

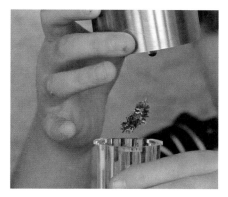

图3：把鱼线固定到LED灯上，再重新装上外壳。

图4：装饰你的灯，把它挂在树枝上或放进迷你花园中。

图5：为你的太阳能萤火虫找到一处阳光充足的位置。

第6步： 找到一处能在白天接受阳光照射的地方。（图5）

第7步： 在太阳落山后，享受由"萤火虫"带来的美丽光芒。（图6）

 ## 奇思妙想

用太阳能灯制作一个新作品。你能设计出一个发光的雪球吗？你能创造出另一个在夜间发光的花园艺术品吗？

科学揭秘

太阳用能量沐浴着地球。几乎所有生命都仰赖着由太阳辐射供能的光合作用，正是光合作用维持着食物链并向大气输送氧气。即使是化石燃料也包含着太阳的能量，这些能量被囚锁在几百万年前生活过的动植物的遗骸中。

太阳能不仅取之不尽，而且是免费的。收集太阳能的难处在于如何为夜晚等缺乏阳光的时刻储存它。

太阳能电池板是由特殊的导电材料（半导体材料）制成的形似三明治的结构体。当阳光照射到板上，电子被激发并开始层层移动时，形成可被储存于电池中的电流。

太阳能花园灯的电池会在太阳落山后启动、点亮里面的LED灯。

石 墨 电 路

1000101010100010101010101010101010101001010101001010101000100000

实验材料

→ 白纸
→ 1支素描铅笔（或石墨蜡笔，硬度越柔软越好，如9B的石墨蜡笔）
→ 2根鳄鱼夹导线
→ 小LED灯若干
→ 1个9伏电池

画一幅画，让它能够传导足量的电流，用它点亮LED灯！

图5：灯泡会在你把它移向夹子时变得更亮吗？

 安全提示

→ 本实验需在成年人的监护下完成。
→ 学校用的普通铅笔在本实验中效果较差。可以在美术用品店或网上采购素描铅笔或石墨蜡笔，硬度等级以9B为宜。

实验步骤

第1步： 集齐材料。（图1）

第2步： 用素描铅笔（或石墨蜡笔）在白纸上画一个宽约1厘米、长约4厘米的黑色长方形。反复上色，直至图形上的石墨涂层足够坚实。如果长方形中包含任何空白或缝隙，这个实验就不会成功。（图2）

第3步： 分别把2根鳄鱼夹导线的一端连接到电池的两极。

第4步： 把连接电池正极（+）的鳄鱼夹导线的另一端接到LED灯的长"腿"上。

第5步： 用未连接鳄鱼夹的LED灯的导线轻触你绘制的石墨条的右端。（图3）

第6步： 用连接电池负极(–)的鳄鱼夹导线的另一端轻触你绘制的石墨条的左端。（图4）

第7步： 将LED灯的导线移向鳄鱼夹，看看会发生什么。移得越近，灯

图1：集齐材料。

图2：用石墨绘画、描线。

图3：以未连接的LED灯的导线轻触石墨条。

图4：以鳄鱼夹轻触另一端的石墨条。

应该变得越亮。尽量不要让夹子直接触碰灯泡。（图5）

第8步： 如果灯泡没亮，就把正极的鳄鱼夹换到LED灯的另一条"腿"上再试试。如果还是不行，请在确保你绘制的线条上没有缝隙的情况下更换LED灯。

第9步： 用素描铅笔（或石墨蜡笔）画一些新的图案。电流能在转角和曲线上穿梭吗？如果你把图案的一部分擦掉以制造出一个缝隙，又会发生什么？

奇思妙想

用石墨绘制一幅可点亮灯光的连环画，甚至可连成一本漫画书，其中的角色和形状可以用作点亮LED灯的电路。

科学揭秘

石墨是碳的一种结晶形式。艺术家用它绘画，因为它可以打造包括尖锐线条和曼妙阴影在内的各种纹样，且易于擦拭。

石墨是一种被称为"导体"的特殊材料，通常被用于制作铅笔芯。导体是一种允许电流通行的物质。很多金属也是导体。

因为石墨是一种导体，所以它可以被用于创建电路——电流的通路。在这个实验里，你在纸上画的实心线条——你绘出的那一层薄薄的石墨——可以流过足够点亮一个灯泡的电荷。

艺 术 机 器 人

1000101010100011010101010101010101010101010101000100000

实验材料

→ 1个软木塞

→ 1个微型直流电马达
（3伏，转速为1500转/
分钟）

→ 1个塑料杯（约535
毫升）

→ 剪刀（或美工刀）

→ 强力胶带

→ 5号电池盒（带开关和
导线，可装2节电池）

→ 2节5号电池

→ 可擦拭的白板笔（或可
洗记号笔）

→ 可擦拭的白板（或普通
纸张）

→ 2根鳄鱼夹导线（可选）

在这个实验中，你将制造一个能够绘画的简单机器人。

图5：用胶带把马克笔固定在杯子的外围，打开电池盒开关，
启动机器人。

 安全提示

→ 儿童应在成年人的监护下使用美工刀。
→ 将空电池盒与马达连接起来，以此测试马达是否可用：装
入电池，打开电池盒上的开关，如果马达没有问题，固定
在上面的软木塞就会旋转起来。

实验步骤

第1步： 把软木塞固定到小型马达的活动部位。

第2步： 在杯子底部切割出一个足够让
马达接线端穿过的孔洞，但它
要比马达本身小。确保马达的
可活动部位笔直朝上。

第3步： 把电池盒上的导线连接到马达
接线端上，以此来连接电池和
马达。（图1）

第4步： 用胶带固定连接处，把马达固
定在杯子顶上，确保软木塞仍
然可以旋转。（图2）

第5步： 用胶带将5号电池盒固定至杯子
内侧，再放入电池。（图3）确
保电池盒上开关处于关闭状态。

第6步： 如果电池盒自带导线不够长，
可以使用鳄鱼夹导线辅助延
长，一头接电池盒，一头按马
达。（图4）用胶带把导线都固
定在纸杯的内侧。

第7步： 用胶带把3或4支记号笔固定在
杯子的外侧，笔尖朝下。尝试
把它们等距分开并进行固定，

图1：通过塑料杯顶上的洞口连接电池盒和马达。

图2：用胶带固定连接处，把马达粘在杯子上，确保马达上的可活动部位仍然可以旋转。

图3：用胶带把5号电池盒固定在杯子的内侧并放入电池。

图4：可以使用鳄鱼夹导线辅助延长连接（可选）。

使它们与杯子底部的距离相等。打开电池盒的开关。（图5）

第8步： 拔下记号笔的笔盖，把你的艺术机器人放在一张纸或一块可擦拭的白板上。

第9步： 看着你的艺术机器人开始活动。它画下的是点还是线？

奇思妙想

移动软木塞进行更多实验，看看它会如何改变平衡、影响机器人的作画能力。把杯子周围的记号笔调整到不同高度又将会如何改变平衡、影响机器人的作画能力？

科学揭秘

连接在马达上的软木塞对马达的旋转部位施加了不平衡的重量，由此产生的振动使艺术机器人用它由记号笔组成的"腿"到处游走，从而在下方的纸张或可拭擦的白板上画出了随机图案。

自20世纪70年代以来，艺术家们就一直在使用一种称为"算法"的指导方针进行编程，安排计算机进行上色和绘画的工作。今天，计算机能够在存储云中搜索图像、创建调色板、进行不同风格的上色工作，甚至可以根据给定的作品主题选取创作方法。但即使电脑能够这样学习、调整，并在创制图像方面越发精通，对于它们制作的作品是否是真的原创艺术仍然存疑，因为这些作品总会反映最初参与编程的艺术家们的想法。

彩珠泡泡瓶

实验材料

→ 防护眼镜
→ 锤子
→ 钉子
→ 带盖的透明塑料瓶（2升为宜）
→ 螺丝刀（可选）
→ 适用于空气泵的软管（30~50厘米长）
→ 橡皮筋
→ 能够穿过2升瓶子瓶口的小石头（或别的重物）
→ 小型空气泵（如鱼缸泵）
→ 水
→ 珠子（多色）
→ 油（如植物油）

用鱼缸泵设计一件动感艺术品吧！

图5：观察瓶子里的珠子滚动的状态。

安全提示

→ 塑料珠有卡喉风险。儿童应在成年人的监护下进行本实验。
→ 启动空气泵前，请在靠近瓶子顶部的地方钻孔，以便空气溢出。
→ 在给瓶盖钻孔时，请戴上防护眼镜。

实验步骤

第1步：用锤子和钉子在瓶盖中心打一个孔。（图1）

第2步：如有需要，用螺丝刀把孔扩大至软管能够穿过。

第3步：把软管插进瓶盖上的孔里。

第4步：在瓶盖内侧的软管末端上，用橡皮筋绑上一块小石头（或重物）。

第5步：把瓶盖外软管的另一端连接到空气泵上。

第6步：把绑有小石头（或重物）的那一端软管放进瓶子里，使小石头（或重物）恰好悬挂在瓶底上方。

第7步：装入半瓶水。

第8步：把珠子放进瓶子里。

第9步：往瓶子里倒油，直至距离瓶口7.5~10厘米为宜。（图2）旋上瓶盖。

图1：用钉子在瓶盖上打一个孔。

图2：在瓶子里加入水和油。

图3：启动空气泵。

图4：看看会发生什么。

第10步： 在瓶子顶端靠近瓶盖的地方打几个孔，以便空气溢出。

第11步： 启动空气泵来制造泡泡。（图3）

第12步： 猜一猜，当你向混合物中通气时，瓶子里的油、水和珠子会变成什么样？（图4、图5）

奇思妙想

试着用不同的实验材料或不同的水油配比再次进行这项实验。还有什么样的实验材料可以和珠子一样，在泡泡瓶中起伏，看起来就像鱼在游弋？

科学揭秘

乳状液是两种通常难以相溶的物质的混合物——油和水就是这样两种液体。比起油分子，水分子宁愿更加紧密地贴近彼此；同样地，油分子对水也不感兴趣。

液态水包含密集填装的水分子，密度比油更大，所以它会沉到瓶底。而空气的密度低于水和油，因此，当你打开空气泵时，气泡就会从管中冒出并上浮到瓶子的顶部。结果，油和水开始运动，与气泡、珠子混合，产生大量油、水、珠子和空气的乳状混合物。

布艺电路

实验材料

→ 直尺
→ 剪刀
→ 缝衣针
→ 缝纫线
→ 带开关按钮的可缝纫纽
　扣电池座（或普通的
　可缝纫纽扣电池座）
→ 符合电池座型号的3伏
　纽扣电池
→ 1个或多个可缝纫的
　LED灯
→ 1片或多片厚布料（如
　毛毡）
→ 不带外壳的可缝纫金属
　按扣（可选）
→ 1～2小片布料（可选）
→ 导电缝纫线
→ 绣花绷圈（可选）
→ 胶水

用导电缝纫线轻松制作一块会亮灯的布艺电路吧！

图4：你的布艺电路就这样完成啦！

安全提示

→ 儿童应在成年人的监护下使用缝衣针和纽扣电池。
→ 若仅使用只有一个单按钮的开关和单个LED灯，可以简化
　这一实验。请参考步骤10和11，获取相关说明。
→ 请确保连接正极（＋）孔的导电缝纫线没有碰到或穿过那
　些连接负极（－）孔的导电缝纫线，否则你的灯会亮不
　起来。

实验步骤

第1步： 设计你的作品：决定电池座和
　　　LED灯的放置位置，确保在它
　　　们之间留下足够缝上几针的空
　　　间。如果使用了金属按扣来连
　　　接电路，你可以用缝有另一半
　　　按扣的布料盖住电池座，以此
　　　来完成电路；但如果电池座上
　　　有开关，你就需要缝制完整的
　　　电路。

第2步： 用缝衣针和普通缝线（不导电
　　　的）把电池座和可缝纫的LED灯
　　　固定在布料上——每个孔缝一
　　　两针即可。（图1）

第3步： 如果你要使用金属按扣，请先
　　　用缝衣针和缝线把金属按扣的
　　　其中一半缝在一小块单独的布
　　　料上。

第4步： 剪出一根长约30厘米的导电缝
　　　纫线，将其穿在缝衣针上，把

图1：把电池座和LED灯固定到布料上。

图2：用缝纫线把LED灯相互连接，并连到电池座和金属按扣上。

图3：扣上金属按扣是完成这个电路的最后一步。

线的一端打上结，从布料背面穿入，再从电池座的正极（＋）孔穿出，然后从电池座的正极（＋）孔的边上穿入。重复几次，以便紧密联结电池座和导线。确保有足量的导电线接触金属，注意不要把线切断。

第5步： 用同样的导电缝纫线向着LED灯的正极（＋）孔缝一段平针，再仿照固定电池座的方式在LED灯的负极（－）孔处缝几针。（图2）如果使用2枚LED灯，就再用平针连接第二枚LED灯的正极（＋）孔。给导电缝纫线打上结并剪掉多余部分。

第6步： 用第二根长约30厘米的导电缝纫线缝一段平针，以连接2枚LED灯的负极（－）孔，注意不要碰到别的部件。继续向一侧缝平针，用同一根导电缝纫线连接小片布料上的一半金属按扣，围着金属按扣缝纫以形成良好的连接。

第7步： 剪出一根长约30厘米的导电缝纫线，用它固定电池座负极（－）孔，用平针把金属按扣的另一半缝在距电池座约7.5厘米的地方，打上结再去掉多余的线。（图2）

第8步： 扣上金属按扣，以此来点亮LED灯。（图3、图4）

第9步： 完成你的设计。你可以用布遮住电池座，也可以用（绝缘的）普通缝纫线缝上或用胶水粘上各种小装饰。（图5、图6）

第10步： 如果你仅使用只有一个单按钮的开关和单个LED灯：将30厘米长的导电缝纫线穿过缝衣针，在一端打上结，把它从电池座上正极（＋）孔穿出，然后再从电池座的正极（＋）孔的边上穿入，重复数次以形成紧密的连接。

.... **科学揭秘** ....

导电缝纫线由包裹着银或其他导电材料的尼龙制成。它足够柔软，因而可用于缝纫，同时又能承载足以使LED灯亮起的电流。

当你用导线将灯泡与电池的正（＋）、负（－）极相连时，你就完成了一条能够点亮灯泡的电路。

实验 **17**

布艺电路（续）

图6：用胶水粘上装饰物来美化你的电子艺术品。

图5：你可以用一片布料盖住电池座。

请确保有足量的导电缝纫线接触金属。

第11步： 使用同一根线，用平针制造一条从电池座正极（＋）孔到LED灯正极（＋）孔的路径，并效仿你前面处理电池的办法，围着LED灯的正极（＋）孔再缝上几针，打上结再去掉多余的线。

第12步： 用第二根长30厘米的导电逢纫线重复这一过程：固定电池座的负极(–)孔，再用平针连接LED灯的负极(–)孔，围着负极(–)孔缝上几针，再如法炮制地打上结。打开开关，点亮LED灯。（图7、8）

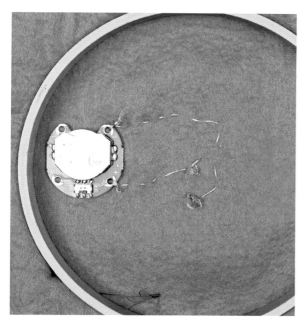

图7：你也可以仅用一个开关，将一枚LED灯缝到一节电池上。

图8：大功告成！

奇思妙想

　　一旦你领会了个中奥妙，就可以尝试在你的设计作品上接入更多的LED灯。

　　时装和家居设计师有时会把可缝纫的LED灯纳入纺织品中。用这一技术在一块布料或一件家具上进行你的实用的或时尚的设计吧！

风 力 发 电 机

100010101010100000000001010101010101010101000000101010101000101010100010000

实验材料

→ 铅笔

→ 圆规

→ 直尺

→ 硬纸板

→ 剪刀

→ 热熔胶枪和热熔胶棒

→ 冰棍棒

→ 2根鳄鱼夹导线

→ 1个供风力发电机使用 的微型马达（直流电 源，0.1～18伏，转速 200～6000转/分钟）

→ LED灯

→ 电吹风（可选）

用吹出的气或电吹风来产生足以点亮一枚LED灯的电能吧！

图5：用电吹风试试！

 安全提示

→ 儿童必须在成年人的监护下进行实验。不要让电吹风触水。

→ 如果不想自己制作涡轮风扇，可以用玩具风车代替。

实验步骤

第1步： 用圆规和直尺在硬纸板上画一个直径为12厘米 的圆。

第2步： 把圆规的尖扎在圆周上，再画一个同样尺寸的圆。

第3步： 令你的直尺与圆规戳出的两个 孔对齐，画出一条平分两个圆 的线。以直线与第一个圆的另 一个交点为圆心画出第三个相 同尺寸的圆。

第4步： 用直尺画一条过第一个圆的圆 心且垂直于第一条线的线。然 后，以这条线与第一个圆相交 的两个点再画两个同尺寸的圆。

第5步： 根据圆上的新交点再画两条

图1：用圆规和直尺在硬纸板上绘制一个被均分为8个扇形的圆。

图2：粘上冰棍棒来加固。

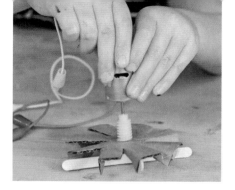

图3：把鳄鱼夹导线接上马达，用热熔胶把马达固定到涡轮风扇上。

线，把圆分成八等份。（图1）

第6步： 以中心圆的圆心画一个直径为4厘米的同心圆。

第7步： 用剪刀把原来那个直径为12厘米的圆剪下来。

第8步： 沿着你画出的8条线从外圆到内圆剪出切口。向同一方向翻折出扇叶。

第9步： 用热熔胶在风扇叶片的背面粘上冰棍棒来加固叶片。（图2）

第10步： 给马达的两处接线端夹上鳄鱼夹导线。用热熔胶牢牢地把马达固定在涡轮风扇上。（图3）

第11步： 用鳄鱼夹导线的另一端接LED灯。

图4：使劲吹动扇叶来使之旋转，点亮LED灯。

第12步： 使劲吹动你的扇叶，或者用电吹风让它们旋转起来。观察LED灯的发光情况。如果灯没有发光，请尝试交换LED灯上连接的两个鳄鱼夹。（图4、图5）

---------- 科学揭秘 ----------

利用风力发电是一种生产电能的方式。

许多风力涡轮只有三片扇叶，但它们的工作原理与你刚刚在这个实验中制作的作品类似。流动的空气使连接着转子的叶片旋转，而转子则带动马达（发电机）内部名为"转轴"的部件一起转动，在内部磁场的作用下产生电流。

 奇思妙想

制作不同种类的涡轮扇叶，接上马达进行测试，看看哪一种的效果最好。

刷毛机器人

`10001010101010100000000001010100101010101010000000101010010001000000`

实验材料

→ 5号电池盒（可装2节电池，带开关和导线）

→ 2节5号电池

→ 1张光盘（CD）

→ 胶水（若用热熔胶枪和热熔胶棒，效果更好）

→ 4个瓶盖

→ 微型马达（3伏，转速1500转/分钟）

→ 强力胶带（或绝缘胶带）

→ 4支相似的牙刷

→ 软木塞

→ 胶带、毛根、珠片和颜料等装饰用品（可选）

用旧光盘和牙刷制造一个可移动、旋转的机器人吧！

图5：把马达连接到电池座上，让你的机器人开始运行！

 安全提示

→ 儿童在使用电池时，需要成年人在旁监护。

→ 儿童应在成年人的监护下使用热熔胶枪。

实验步骤

第1步：把5号电池盒放在光盘的中心位置，用热熔胶（或胶带）牢牢固定。放入电池，确保电池盒上开关处于关闭状态。

第2步：把4个瓶盖均匀地放置在电池盒周围，用热熔胶固定住。（图1）

第3步：把电池盒的导线连接到马达的接线端上。（图2）用胶带把连接处贴牢。

第4步：把4只牙刷的刷头粘到瓶盖上，刷毛朝外。（图3）

第5步：把软木塞连接到马达上，用热熔胶（或胶带）把马达固定到光盘的顶端，使软木塞可以自由旋转。（图4）

第6步：美化装饰你的机器人！

第7步：打开电池盒上的开关。

图1：把5号电池盒和瓶盖紧紧地粘在光盘的一面上。

图2：把电池盒的导线连接到马达上。

图3：用热熔胶把4只牙刷的刷头粘到瓶盖上，刷毛朝外。

图4：在马达上接一个软木塞，把它固定到光盘的顶上，使它可以自由旋转。

第8步：把机器人放到地上，让它动起来！（图5）

奇思妙想

制作另一个利用刷毛移动的机器人，看看刷毛的类型和位置会怎样影响机器人的移动。

科学揭秘

刷毛机器人的移动能力源自震动，这种发自不平衡马达的震动经刚性材料传导进入大量的刷毛中。它是非常简单的机器人，主要的运动方向很大程度上取决于所用刷毛的整体角度。

你可能会发现，当刷毛机器人碰上一个障碍物时，它仍会继续移动。在碰撞过程中，物体和刷毛机器人之间存在着一种相等且相反的作用力，它会改变机器人的运动方向。

一些动物会使用它们的刚毛进行运动。多毛虫或毛足虫有着附肢般的、带着突出的毛发状刚毛的小足。这些刚毛可能具有诸多功能，但通常都会被用于辅助移动。

触 屏 手 套

用导电缝纫线制作一双触屏手套吧！

实验材料

→ 缝衣针
→ 导电缝纫线
→ 针织手套
→ 软木塞（可选）

图5：导线可把电流从你的指尖传导到触屏设备上。

安全提示

→ 儿童应在成年人的监护下使用缝衣针。

实验步骤

第1步： 给缝衣针穿上30厘米长的导电缝纫线。（图1）给导线一端打上结。

图1：给缝衣针穿上导电缝纫线。

图2：在手套上用于触屏的指尖处缝上一些细密的针脚（可先在手套内塞入软木塞来辅助缝纫）。

图3：给线打结。

图4：试一试戴上手套碰触屏幕吧！

第2步：把软木塞（或其他物品）放入用来触摸屏幕的手套的手指中（用右手还是左手手套，取决于你是右撇子还是左撇子），再在放入软木塞的这个手套的指尖缝上10～20针交错的小缝线。（图2）

第3步：给线打结并剪去多余部分。（图3）

第4步：戴上手套并在触屏设备上进行测试。（图4、5）

第5步：如果设备毫无反应，请多缝几针再进行尝试。

 奇思妙想

你能找到导电缝纫线的其他用途吗？试着制作布艺电路吧（参见实验17）。

我们的身体由能产生能量的化学反应驱动。化学反应引发的电活动为我们的心跳提供动力，并调节着节奏——甚至我们的皮肤也可以传导电荷。

电子设备上的触摸屏的设计原理有多种，其中有一种设计是感应你皮肤上的电流既而回应人类的触摸，它们需要直接接触到你皮肤中的电子（产生电能的微粒）。

当你戴上手套时，电子将无法从你的手指移动到触摸屏。但是，如果你的手指在触摸导线，你手指上的电子就能以导线上的金属作为通向设备的路径。这将使你能够在戴手套时使用这些触屏设备。

"刺中了！"在击剑运动中，当花剑触碰到对手夹克上的导线时会出现信号，也是应用了导电技术。

单元 3
工程 ENGINEERING

"ENGINEERING"（工程）一词源自拉丁词语"INGENIARE"，而"INGENIARE"指发明和设计。"ENGINEER"最早的使用者是古罗马人，它被用于指称制造战争器械的人。今天，"ENGINEERING"一词划分出了一块视野无限多元的独特领域。

土木工程师们规划着城市、道路和水道。在古代，他们设计了能将净水从一个地方运送到另一个地方的水渠和用于纪念法老的、大到不可思议的美丽金字塔。

工业时代带来了煤炭和电力，世界在跃向机器化时代的同时也为工程师创造了更多职业机遇。今天，他们制造太阳能电池板、构思汽车、为建筑物建造高效的供暖和制冷系统、设计医疗设备、改善交通方式，并发明了其他无数能够使我们的生活更加安全舒适的产品。

本单元为你提供了一个可以自己动手设计和构建物品的起点。更为重要的是，它们鼓励你把自己的想法投入实践，并改进设计以使它们能够更好、更快地工作，或者只为了让它们变得更有趣。

在科学中，你需要形成假设、进行研究，并在着手设计产品之前针对你预想中可能发生的情况进行测试。在电影制作这一方面，我遵守的程序也很类似——我经常对故事的内容有一个大致的想法，并从这里出发开始我的研究，在确定叙事手法前看看各要素将如何匹配。作为一名工程师，我学会了提问，学会了好奇，并且总是刨根问底——这是我在制作电影时一以贯之的精神，它是我在讲述故事时更进一步的唯一原因。

——乔伊斯·曾（Joyce Tsang）
艾美奖获奖电影制片人，机械工程师和专利持有者

橡皮筋发射器

实验材料

→ 热熔胶枪和热熔胶棒
→ 晒衣夹
→ 木质油漆搅拌棒（或长木条、直尺）
→ 尖头钳子
→ 颜料（可选）
→ 橡皮筋

设计一款射程和射击精度最优的橡皮筋发射器吧！

图4：在凹槽和晒衣夹之间架上橡皮筋。

安全提示

→ 儿童应在成年人的监护下使用热熔胶枪。
→ 请勿直接对着人发射橡皮筋。

实验步骤

第1步：将一个晒衣夹粘在木质油漆搅拌棒（或直尺）的一端，夹子的开口朝向木条的另一端。（图1）

第2步：用尖头钳在木条仍然空余的那一端钳出两个平行的凹槽。（图2）

第3步：用颜料来美化你的橡皮筋发射器。可以在网上搜索一些澳大利亚土著的回旋镖所采用的装饰方案来汲取灵感，也可自行设计。（图3）

第4步：在晒衣夹和凹槽之间架上一根橡皮筋。（图4）

第5步：将有凹槽的那一端对准一个目标，不过不要对着人！松开晒衣夹，发射橡皮筋。

第6步：你能命中目标吗？你的射击精

图1：把一个晒衣夹固定在一根木质油漆搅拌棒（或直尺）上。

图2：用尖头钳在没有晒衣夹的那一端制造出两个凹槽。

图3：装饰橡皮筋发射器。

图5：你能命中目标吗？

度是否取决于你所使用的橡皮筋的长度？（图5）

科学揭秘

拉伸橡皮筋会将能量以弹性势能的形式储存，而储存能量的多少取决于橡皮筋的拉伸程度和拉伸距离。当你打开晒衣夹释放橡皮筋的一端，橡皮筋就会收缩，弹性势能就会转化为橡皮筋运动的能量——动能。随后，橡皮筋向前飞去——飞离木条，飞向空中。

在空气阻力迫使橡皮筋减速的同时，重力也在把它拉向地面，所以你在瞄准时可能必须将发射器指向比目标稍高一点的位置来命中目标。

人类装饰武器的历史已经有数千年了。从枪柄、回旋镖到剑和盾，一些武器同时也是艺术品——它们带着复杂的设计、神圣的图腾和家族徽章。

奇思妙想

改变凹槽和晒衣夹之间的距离以制造出更多的橡皮筋发射器，用它们进行测试，看看哪一个发射器的射程和准确度最优。

制造你自己的颜料（参见实验32），用自制颜料装饰你的橡皮筋发射器。

立体书

实验材料

→ 卡纸（或对折贺卡）
→ 剪刀
→ 胶水
→ 笔记本
→ 记号笔
→ 彩纸

用纸和剪刀建构你自己的立体设计吧！

图6：用你的设计来制作一本立体书。

🪖 安全提示

→ 如果用卡纸不能很好地实现某个特殊的折叠方式或设计，你可以尝试使用更为轻薄的纸张，如打印纸。

实验步骤

第1步：以"V"形折叠开始制作：把一张卡纸对折或直接使用一张已对折的贺卡。

第2步：在对折的卡纸上剪出一条斜线，并折出一条折痕。（图1）然后打开卡纸，沿折痕向卡纸内侧折叠。

第3步：打开、合上卡纸，看这一部分的弹出效果。（图2）

第4步：把它粘进你的笔记本。当你打开笔记本，立体形状就会弹出来。

第5步：在一张对折的纸上剪出两条等长的平行线，以此来制作另一个弹出式图层。（图3）

第6步：进行测试，看看它将如何弹出。

第7步：把这一张纸也粘在你的本子上，并附上一个你想要弹出的图案。（图4）用记号笔和彩纸装饰你的立体设计作品。

第8步：创造更多的立体设计。（图5）

第9步：把它们粘进同一个本子进行保存，一本立体书就做好了。（图6）

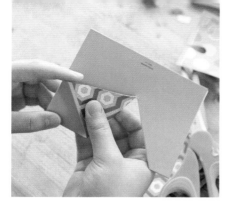

图1：在对折的卡纸上剪出一条斜线，向两个方向进行折叠。

图2：看着图形随着你开合卡纸的动作而弹出和收回。

图3：剪出两条平行的线，制作另一层弹出式图层。

图4：太阳弹出来了！

图5：你还能创造出什么别的弹出图形吗？

立体书把二维的纸张转变为三维的动态设计，是探索工程的一个绝佳实践方式。"V"形折叠使物体在一条弧线上移动，而多层设计也为结构提供了更多可能。

工程师经常在初步设计后用电脑进行虚拟测试，但立体设计表明，有时自己动手建造是了解事物运行原理最快也是最简单的方式。实际上，专家们都认同在立体设计中，动手作测试是无可替代的。

最棒的是，纸张本身比较廉价，你可以轻易购得各种不同厚度的纸张，用颜料和各种设计来美化它们，所以，你的想象力只是被你创造的极限所束缚住了。

奇思妙想

设计抽拉结构来移动你书中的内容。搜索更多立体设计采用的折叠方式并尝试它们。

用立体书来呈现一个故事。在开始剪裁之前进行构思，但不要局限于已有的灵感——不要害怕在制作过程中改变原有的想法。

气 球 火 箭

实验材料

→ 细线
→ 椅子
→ 剪刀
→ 3根塑料吸管
→ 气球
→ 晒衣夹（或封口夹）
→ 胶带

用气球和吸管在细绳上造一个火箭吧！

图6：从另一个方向进行尝试。你观察到了什么？

🪖 安全提示

→ 儿童应在成年人监护下，攀爬椅子或树。

实验步骤

第1步：把线的一端绑在离地1米以上的树枝（或其他物体）上。（图1）

第2步：把椅子放在距绑线位置几米之外的地方。把线拉到椅子上，这将成为你的发射台。剪断线，记得留下少量富余。

第3步：如果准备的吸管是可弯曲的款式，用剪刀剪去可弯曲的隆起部分获取平滑笔直的吸管。（图2）

第4步：把线穿过1～3根吸管，然后把它绑到椅子上，位置要低于线的另一端。（图3）

第5步：把椅子适当拉远，使中间的线绷直。

第6步：吹鼓一个气球，用夹子夹住吹气口。

第7步：用胶带把气球贴在最靠近高处的吸管上，让吹气口朝着椅子。（图4）

第8步：当你准备好发射时，就把吹气口上的夹子打开，让气球沿着线向高处发射。（图5）

图1：把线的一端绑在离地1米以上的树枝（或其他物体）上。

图2：剪裁吸管以获取平滑的部分。

图3：把线穿过吸管，再绑在椅子上。

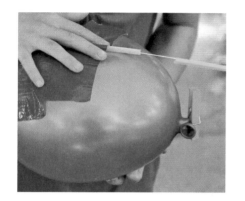

图4：吹鼓一个气球，用夹子夹上吹气口，把它贴在最靠近高处的吸管上。

图5：松开夹子，让气球沿着线上行。

第9步： 尝试从另一个方向发射气球，哪一次气球会跑得更快些？（图6）

奇思妙想

　　把气球吹胀到不同直径，记录它们到达高处所需的时间，看看气压是否会影响速度。

　　试一试，当两个吹鼓的气球被固定到同一根吸管上、同时向高处发射时，会发生什么。

·········· 科学揭秘 ··········

　　牛顿运动定律告诉我们，相互作用的两个物体间的作用力和反作用力总是大小相等，方向相反，作用在同一直线上。

　　吹胀的气球由于橡胶的形变对盛放的气体施加着额外的压力。当气球的吹气口被放开，气球内的气压会将气球内的部分气体挤出去，然后大小相等、方向相反的作用力就会使气球火箭向着气体喷射的相反方向发射出去。

　　最后，空气阻力使气球火箭持续减速，最终停止移动。

橡皮筋赛车

实验材料

- → 硬纸板
- → 调味瓶
- → 剪刀
- → 强力胶带（或纸胶带）
- → 1张CD光盘（或罗盘）
- → 铅笔
- → 直尺
- → 胶水（热熔胶枪和热熔胶棒为宜）
- → 竹签
- → 塑料吸管
- → 装饰物
- → 3根橡皮筋
- → 毛根（可选）

用简单的实验材料制作一辆赛车，测量它的行进距离。

图8：各就各位，预备，跑！

图1：用硬纸板包住调味瓶的侧面，以此来制作纸管。

图2：用带有相交对角线的正方形确定每个轮子的圆心。

图3：在管子的两端各戳两对能固定住两支平行铅笔的孔。

安全提示

→ 儿童应在成年人的监护下使用热熔胶枪。

实验步骤

第1步： 用硬纸板包住调味瓶侧面的方法来得到弯曲的纸管：先剪下一块23厘米长的硬纸板包住瓶子，再剪掉多余的部分，取出调味瓶用胶带把硬纸管粘成管状。（图1）

第2步： 在硬纸板上绕着CD光盘（或罗盘）描出8个直径约为11.5厘米的圆。用直尺在每个圆周处画一个外切的正方形，连接对角线来确定圆心。把圆裁下来，将每2个圆以标记朝外的方向粘在一起，这样你就会得到4个轮子。用竹签穿透每个轮子的圆心。（图2）。

第3步： 在距离硬纸管两端4厘米的两个位置处各插入一根竹签。确保竹签相互平行，当你从管口向内窥视，两根竹签应该呈一条直线。

第4步： 用铅笔加大孔洞。（图3）

第5步： 剪出4根1.5厘米长的吸管，把它们粘到纸管上各个洞的外侧。用竹签辅助固定，竹签应该能自由旋转。（图4）

········· 科学揭秘 ·········

当你给车上紧皮筋的时候，你是在用身体的力量围着硬纸板的竹签车轴拉伸橡皮筋，能量以弹性势能的形式储存在被拉长的橡皮筋中。当你释放小车，橡皮筋就开始放松。它们在竹签上施加了足够旋转车轮的力，能量被转换为运动的能力——也就是动能。

橡皮筋赛车（续）

图5：装饰你的车。

图4：把吸管固定到每个孔洞的外侧，再安上车轮。

第6步：一次一个，把车轮的外侧与竹签黏合。在等待胶水干燥的过程中，确保车轮与车身平行且车轮之间相互平行。切掉多余的竹签。

第7步：装饰小车！（图5）

第8步：在纸管一端的中心处加上一根竹签，使之与车轮平行且突出部分长约2.5厘米。（图6）

第9步：把3根细橡皮筋头尾相接绑在一起，套在纸管另一端的竹签车轴上，再穿过纸管，让橡皮筋从另一端出来，挂在竹签纸管上突出的竹签部位。

第10步：抓着绑了橡皮筋的竹签车轴，转动车轮，让橡皮筋在竹签上紧密缠绕若干圈，以此来制造张力。（图7）

图6：在车身一端加上用来固定橡皮筋的竹签。

图7：在车身另一端的竹签上紧密缠绕橡皮筋。

第11步： 放下小车，让车轮转起来，看看小车会跑往哪个方向。当你准备好时，就放手吧！（图8）

第12步： 量一量小车能够跑多远。

 奇思妙想

　　重制小车，使其能够跑得更快、更远。试着使用不同种类、不同数目的橡皮筋。改变车轮的尺寸，会影响小车移动的速度和距离吗？

桥 梁 设 计

实 验 材 料

→ 2个鞋盒（或积木）

→ 胶水（或热熔胶枪、热熔胶棒）

→ 意大利面（或细面条、宽面条、通心粉、冰棍棒）

用意大利面来制造一座桥，测试一下你的工程和设计技艺吧！

图4：测试你的设计。

 安全提示

→ 儿童应在成年人的监护下使用热熔胶枪。

实验步骤

第1步：摆放两个鞋盒（或积木），并决定你的桥所要跨越的距离。（图1）

第2步：在网上查看不同类型桥梁的图片，比如梁桥、拱桥、悬臂桥、悬索桥和桁架桥。

第3步：设计一座拥有两个支撑点（即你的鞋盒或积木）和一个平面结构的简单桥梁，如梁桥。想一想，你该如何黏合意大利面，如何加固你的桥梁。你想要它承受多少重量？（图2）

第4步：把意大利面（或冰棍棒）粘在一起来做桥梁。（图3）等待胶水干透。

第5步：桥梁干透以后，就可以用已知重量的盒子（或罐头）来测试你设计的桥梁的强度，记录测试结果。还可以在桥上开玩具

图1：将两个物体分开一段距离摆放。

图2：在物体之间设计一座桥。

小汽车。（图4）

第6步： 分析你的数据。如有必要，可以重制桥梁，使其能够承受更多的重量。

第7步： 考量桥梁的设计。你能在不削弱它强度和耐久度的情况下，使它变得更加漂亮吗？

第8步： 现在，搭建更多形制更为复杂的桥梁。

图3：用胶水来搭建你所能制作的最坚固的意大利面桥梁。

奇思妙想

搜索桁架桥，用意大利面搭建不同类型的桁架。哪一种最坚固？哪一种最漂亮？

在网上查找一些以桥梁为对象的画作。为附近的一座桥画一幅画或制作一个模型。

没有桥梁，我们走不了多远，我们依赖工程师建造出这些坚固、安全的结构。

桥梁主要受到两种力的作用。重力使桥往下沉，而地面的支持力将桥往上撑。来自地面的支持力作用于桥梁的结构材料，这些材料是压力和拉力的作用对象。

如果压力或拉力过强，桥梁就会被压垮，甚至断裂，所以桥梁总是用钢筋、混凝土等坚固材料制成。桁架、悬臂等结构能使桥梁更加坚固。

拱桥也很结实——其中一些已经屹立了两千余年。

从中国古代艺术到印象派和表现主义，桥的身影无处不在，它们常常在著名的作品中作为主题或背景出现。

齿轮毛毛虫

实验材料

→ 瓦楞纸板

→ 直尺

→ 铅笔

→ 剪刀

→ 2个以上软木塞

→ 锯齿刀

→ 胶水

→ 防护眼镜（或太阳眼镜）

→ 小钉子（约2～3厘米长）

→ 锤子

→ 馅饼盘（或一次性铝箔蛋糕盘）

→ 胶带

→ 颜料（可选）

用硬纸板和软木塞齿轮制作一条毛毛虫般的齿轮组吧！

图6：装饰你的软木塞齿轮作品。

🪖 安全提示

→ 成年人承担切割软木塞的工作，帮助儿童把钉子钉入木塞圆饼的中心。

→ 在敲打钉子时，请佩戴防护眼镜。

实验步骤

第1步： 把瓦楞纸板一侧的纸皮剥下。（图1）

第2步： 测量后把被剥皮的瓦楞纸板切割成10条约2厘米宽的长条。（图2）

第3步： 让一名成年人用锯齿刀把软木塞切成几块约2厘米厚的小圆饼。

第4步： 围着每块木塞圆饼的外侧粘上瓦楞纸条，瓦楞纸凹凸不平的一面朝外，如有需要，可适当剪短瓦楞纸条。（图3）

第5步： 戴上防护眼镜，在每个软木塞圆饼的圆心位置垂直敲入一枚钉子。（图4）

第6步： 把这些齿轮摆成毛毛虫状。把钉子的突出部分钉入饼馅盘（或蛋糕盘），使齿轮相互连接、共同旋转。如有需要，可

图1：把瓦楞纸箱一面的纸皮剥下。

图2：在测量后把裸露的瓦楞纸切成长条。

图3：沿软木塞的侧面粘上瓦楞纸条，凹凸不平的一面朝外，根据需要进行修剪。

图4：在每个软木塞的中心处敲入一枚钉子。

图5：排列你的齿轮，把它们固定到一个馅饼盘（或蛋糕盘）上，让它们相互连接、共同旋转。

以重新排列。（图5）

第7步： 用更多软木塞（或胶带）盖住钉尖，以免划伤自己。

第8步： 如果愿意的话，可以给齿轮毛毛虫上色。（图6）转一转它吧！

奇思妙想

再做一个齿轮驱动的小动物或别的什么东西。可以用罐盖来制作更大的齿轮。

科学揭秘

一些我们所知的最早齿轮来自两千多年前的古代中国和古代希腊。齿轮是一种简单但极为有用的机械部件，它可以将旋转的力或扭矩从一个齿轮传递到另一个齿轮。从机械钟表到搅拌机和石油钻机，它们被广泛应用于各种机器。

齿轮上的凸起被称作"轮齿"。

如果一个齿轮与另一个较大的齿轮啮合，它们就将以不同的速度旋转、以大齿轮作为输出端时可提高机械效率，以小齿轮作为输出端时可提高转速。

相机暗箱

实验材料

→ 鞋盒

→ 剪刀

→ 美工刀（可选）

→ 铅笔

→ 放大镜

→ 热熔胶枪和热熔胶棒

→ 硬纸板

→ 白色纸巾（或其他半透明的纸张）

→ 冰棍棒（或竹签）

→ 记号笔（可选）

把一个鞋盒变成可成像的简单照相机吧！

图8：镜片使图像倒立。

图1：剪掉鞋盒的一端。

图2：把放大镜粘到留下来的那一端上。

图3：测量鞋盒侧边的高度。

图4：切出两个紧贴盒子的窗形硬纸板方框。

 ## 安全提示

→ 儿童应在成年人的监护下使用美工刀和热熔胶枪。

实验步骤

第1步：剪掉鞋盒的一端。（图1）

第2步：在鞋盒的另一端描摹放大镜的轮廓，为放大镜切挖出一个孔洞。

第3步：将放大镜粘到鞋盒开孔的一端。为方便操作，可以拆开盒子挖孔并粘贴放大镜，然后再将盒子复原。（图2）

科学揭秘

当光线穿过一个非常小的孔洞或透镜时，就会呈现出一个倒立的图像。

列奥纳多·达·芬奇（Leonardo da Vinci）的记录中出现了一些关于这一现象的描述和图表呈现。1504年，数学家、天文学家约翰尼斯·开普勒（Johannes Kepler）提出了"暗箱"这个新词，他用透镜而非一个小孔来投射出太阳的图像，他还制造了一个帮助他描绘地形的暗箱。

许多艺术史学家认为，十七世纪一些最为著名的荷兰画家曾经使用暗箱来让他们的绘画变得更加逼真，甚至可能曾经直接将图像投射到他们的画布上。

图6：在纸上成像。

图5：把白色纸巾夹在两个方框中间，把方框粘在一起。

第4步： 测量鞋盒侧边的高度和鞋盒内部的宽度。（图3）

第5步： 测量后裁下两块与鞋盒一端尺寸近似、略小一点点的正方形硬纸板，以便把它们插进鞋盒时，纸板能与鞋盒末端平行而不会倒下。

第6步： 将这两块可移动的硬纸板镂空成窗形，每一边留下1厘米宽的距离。（图4）

第7步： 在一块硬纸板窗户上糊上白色纸巾，保证它光滑、平整。再把另一块硬纸板也粘到纸巾上，把纸巾夹在两个对齐的方框之间。（图5）

第8步： 用冰棍棒（或竹签）加固窗框。

第9步： 把半透明的窗户置于盒子中，放在与放大镜相对的那一端。

第10步： 将放大镜对准鞋盒外的一个物品，在盒中前后移动纸窗，直

图7：如果你的放大镜倍数太高，请加长盒子。

至纸巾上呈现出图像。（图6）

第11步： 如果放大镜倍数较高，你可能必须加长盒子，才能使纸窗通过远离放大镜来对焦。（图7）

第12步： 注意，镜片会使图像倒立。（图8）

💡 **奇思妙想**

描摹你在纸张上看到的图像（图9），或用更大的盒子、倍数更高的放大镜做一个更大的相机暗箱。试着把一张纸贴到房间的墙上，使这张纸正对着窗户，站在墙和窗户之间，用放大镜在纸上成像。

图9：在纸巾上描摹图像。

自制大型游戏机

实验材料

→ 直尺

→ 铅笔

→ 带有侧面板的大块硬纸板或海报板（约51厘米×71厘米），以方便竖立（也可以自己制作）

→ 网球罐盖

→ 图钉

→ 4个瓶盖

→ 热熔胶枪和热熔胶棒

→ 能够盖住大部分或全部纸板或海报板的大块有机玻璃或透明塑料（可以回收使用旧的海报框）

→ 冰棍棒

→ 记号笔（可选）

→ 硬币

→ 胶带

设计、制作你自己的大型游戏机吧！

图6：用胶带把硬币粘到罐盖上，开始游戏！

安全提示

→ 儿童应在成年人的监护下使用热熔胶枪。

→ 儿童应在成年人的监护下处理图钉。

实验步骤

第1步： 用直尺和铅笔在硬纸板上画出一组竖线，线与线之间的宽度恰好能让一个网球罐盖落入其中。（图1）

第2步： 在线上交错安装一排排图钉。（图2）

第3步： 把硬纸板的每个角落都粘上1个瓶盖。这些瓶盖将用于固定有机玻璃。（图3）

第4步： 用热熔胶盖住图钉尾部露出的尖锐部分。（图4）

第5步： 把有机玻璃粘到瓶盖上，作为游戏机的罩子。

第6步： 在游戏机的底部粘上冰棍棒来引导网球罐盖滑出游戏机。在每个出口写上不同分值。（图5）

第7步： 在网球罐盖上粘上硬币，以此

图1：在硬纸板上画一组间距恰好能让一个网球罐盖滑落的竖线。

图2：交错安装一排排图钉。

图3：在纸板的每个角落粘上瓶盖，用来固定有机玻璃罩。

图4：用热熔胶盖住图钉的尾端。

图5：为游戏机加上塑料罩和冰棍棒，标上相应分值。

来增加重量，开始游戏！（图6）

科学揭秘

为了设计和制作一款大型游戏机，你必须确保设计中的各个部分正确结合，且应该移动的部分不会被卡住。在这个实验中，重力提供了把罐盖从游戏机顶部拉到底部的力。

对于这种看似随机的游戏，数学家能使用概率方程预测盖子最可能通过的路径和出口。

奇思妙想

从游戏机的顶上向下投20次罐盖，记录每一次罐盖滑出的出口。你发现什么规律了吗？

用家中材料制造另一款大型游戏机。你能制作出弹球机吗？

自制尤克里里

实验材料

→ 强力胶带

→ 2把或3把木尺

→ 1个带盖的长方形塑料
 容器（底面积约20厘
 米×10厘米）

→ 剪刀

→ 美工刀（可选）

→ 冰棍棒

→ 热熔胶枪和热熔胶棒

→ 小号金属羊眼螺钉

→ 2支铅笔

→ 1根尼龙材质的吉他弦
 （或尤克里里弦，或一
 组4根的尼龙材质尤克
 里里弦）

→ 防护眼镜（或太阳
 眼镜）

→ 细钉子

→ 锤子

用家中物品来制作一个可弹拨的中音尤克里里吧！

图5：上弦、调音。

安全提示

→ 儿童应在成年人的监护下使用美工刀和热熔胶枪。

→ 这个实验适合10岁及以上的儿童，可用1根或4根弦制作乐器。只用1根弦可以制作出能弹奏简单旋律的乐器。这种自制的尤克里里非常简单，调子也不准。然而，这是一个练习设计能力和解决问题能力的好机会。

实验步骤

第1步： 把木尺一根接一根地头尾相连，用强力胶带包裹连接处。*

第2步： 在距容器盖子一侧窄边约 $\frac{1}{3}$ 的位置处，切割出一个约 $7.5 \sim 10$ 厘米宽的长方形洞口。

第3步： 用剪刀（或美工刀）在盖子和塑料容器的窄边两端切出凹槽，宽度以能将木尺平放入凹槽中为宜。（图1）

第4步： 用胶带将盖子牢牢地固定在塑料容器上，注意此时木尺应处于盖子下方，被固定住且有约至少30厘米长的部分从容器一端突出，充当尤克里里的琴颈。（图2）

---

* 编者注：木尺所需数量视作为琴体的塑料容器的长度而定。

图1：在塑料盖子上开孔，并在盖子和容器的窄边两端切出凹槽，这样木尺就可以与盖子平齐而处。

图2：用胶带把盖子、容器和木尺牢牢地固定在一起。

第5步： 把一根冰棍棒切成两半，粘在距琴颈顶端约9厘米的位置。这些冰棍棒会成为被称作"弦枕"的乐器结构。

第6步： 戴上防护眼镜，先用细钉子在木尺（琴颈）上靠近顶端的位

科学揭秘

声音是由物体振动产生的。当你拨动琴弦时，琴弦就会振动，产生声音，而周围的空气也会随之振动起来，将声音传递出去。声音通过孔洞进入琴身，被乐器放大。尤克里里与吉他发出的声音音色不同，这与琴弦和琴体的制作材料有关。

振动的快慢决定了音调的高低。更快的振动会产生音调更高的声音。当琴弦由于弦钮（本实验中是羊眼螺钉）的转动变紧时，它会在被拨动时振动得更快，音调听起来也更高。

自制尤克里里（续）

图4：用热熔胶把3根冰棍棒粘在一起。把它们固定到从琴体洞口中露出的距琴颈最远的木尺一端上。在冰棍棒后面放置1支铅笔，再粘上另一层冰棍棒来加固铅笔。

图3：在琴颈上加上冰棍棒（弦枕）和羊眼螺钉（旋扭）。

置（弦枕之上）钻孔。再安装上1～4颗羊眼螺钉，螺钉数量的多少取决于你想要几根琴弦。（图3）

· 如果想要1根弦：把羊眼螺钉置于弦枕以上2.5厘米的中心位置。

· 如果想要4根弦：把2颗羊眼螺钉置于弦枕以上2.5厘米的位置，把另外2颗置于高于这2颗2.5厘米的位置，使它们对称分布在弦枕的水平面上——更高的2颗羊眼螺钉必须更靠近琴颈的中心线，它们之间的距离应略小于另外2颗之间的距离。（图3）

· 将螺钉的一半拧入木尺，留下一些用来绕弦的空间。

第7步：用热熔胶棒把3根冰棍棒粘在一起，粘到从盖子洞口中露出的

木尺的末端位置上，充当琴桥。在琴桥后面粘上1支铅笔，再在琴桥上粘上一层冰棍棒来确保铅笔与琴桥被牢牢固定在一起。（图4）

第8步： 在第二支铅笔的两端分别粘上冰棍棒，再固定到琴体上，位于第一支铅笔下方，且水平位置略高第一支铅笔冰棍棒，这样琴弦就能够从2支铅笔间穿过，并被固定到第二支铅笔上。

第9步： 按顺序把尤克里里的弦依次固定到羊眼螺钉上（第4根弦居于最左边，第1根弦居于最右，第二粗的弦居于左二）。把每一根弦都在对应的羊眼螺钉上缠上几圈，音阶的顺序将被调整（从最低到最高）为D、G、B、E。（图5）

第10步： 把弦绑到琴桥后面的第二支铅笔上，拉紧琴弦。

第11步： 在木尺上充当弦枕和琴桥的两叠冰棍棒上刻上若干道平行的凹槽，以此来固定琴弦的位置，这样琴弦就不会滑来滑去。

第12步： 旋转螺钉以缠绕琴弦，使琴弦绷紧。你可能要在这里费些工夫。

第13步： 使用网络上的中音尤克里里调音器（或依靠钢琴、定调管或其他家中有的乐器），通过旋转羊眼螺钉，将琴的4根弦调至D、G、B、E音调。如只有1根弦，则将单弦调至D调。在弦上弹出旋律吧！（图6）

图6：你可以弹出旋律吗？

奇思妙想

找出在琴颈的哪个部位放置品丝能让你弹奏出和弦。你可能需要调整位于琴颈顶端的冰棍棒的厚度以确保音准。

用木盒琴体、更坚固更厚实的木质琴颈、金属弦枕和金属琴桥来制作一个更为牢固的尤克里里，看看它的音色是否变得更好。你可以试着用螺栓制作弦枕和琴桥。

太阳能棉花糖烤炉

实验材料

→ 鞋盒（或比萨盒，带翻盖）

→ 剪刀

→ 胶带

→ 保鲜膜

→ 铝箔纸

→ 胶水

→ 小镜子（可选）

→ 黑卡纸

→ 泡沫塑料（或报纸）

→ 彩色笔

→ 棉花糖

→ 盘子

→ 铅笔（或竹签）

用太阳的能量来加热美味点心吧！

图5：在盒子中央放上一盘棉花糖，盖上薄膜盖子。

 安全提示

→ 请小心镜子边缘锋利的部分。

→ 可加入巧克力和全麦饼干来制作巧克力夹心饼干，作为追加点心。

实验步骤

第1步： 在鞋盒（或比萨盒）的盒盖上剪出一个距离四边约2.5厘米边距的小翻盖（剪开三边，保留一边）。

第2步： 用保鲜膜覆盖盒盖上被剪出小翻盖的洞口，再用胶带固定，以便在小翻盖之外为盒子顶部制造出一层塑料的薄膜盖。（图1）

第3步： 用铝箔覆盖小翻盖的内侧，用它来反射太阳光。如果可以，用胶水固定铝箔。如果你有一块或多块镜子，可以把它们固定到铝箔上，以获取额外的反射光。（图2）在盒子底部铺上黑卡纸。

第4步： 在盒子内侧的边缘围上一些泡沫塑料（或卷起的报纸）充当隔热层。（图3）

第5步： 用彩笔装饰你的太阳能烤炉。（图4）

图1：用一层保鲜膜覆盖盒盖上被剪出小翻盖的洞口。

图2：用铝箔覆盖小翻盖的内侧，装上镜子。

图3：在盒内的四周加装隔热层。

图4：装饰盒子外观。

图6：支撑翻盖，使阳光汇聚在棉花糖上。

第6步：把盒子置于阳光直射之下。把放了一块棉花糖的盘子放在盒子中央，再盖上薄膜盖子。（图5）

第7步：用1支铅笔（或竹签、棒子）撑住反光板（即第1步中剪出的翻盖）。调整反光板，使太阳光汇聚到棉花糖上。（图6）

第8步：等待阳光加热棉花糖。

第9步：加热完成后，享用温热的棉花糖点心。

 **奇思妙想**

设计一个更大、更高效的太阳能烤炉。用有机玻璃替代保鲜膜来制作窗户。你还能做哪些尝试？琢磨琢磨反射面的角度，看看光是如何照在盒子上的。

········· **科学揭秘** ·········

太阳光蕴藏着充沛的能量。尽管太阳的光线可以轻松穿透烤炉上的塑料膜，光线携带的热能还是会被囚困在烤炉内部。

闪亮的铝箔和镜子将太阳光射入盒子，同时，黑纸也有助于吸收光线，将热量更好地储存在盒中。

单元 4
艺术 ART

在听到"艺术"一词时，你会产生怎样的联想？一幅油画？一尊雕塑？艺术在以你期望的方式表现事物，还是在挑战你的认知？如果你感到不太确定，要知道你绝不是唯一感到困惑的人。

为艺术下定义是一件举世闻名的难事。艺术可以具象，也可以抽象。它可以像葛饰北斋美不胜收的海浪木刻版画一样用于传达美，也可以被纳入如非洲雕刻面具那样具有使用价值或宗教含义的物品中。无论艺术是有意为之还是无心插柳，它都是通向我们心灵和文化的一扇窗户。它不仅授我们以往昔之事，呈我们以当下之态，还畅想着未来。

有时候，我们会在艺术中找到自我的痕迹，而在其他时候，艺术会让我们体验到一些我们从未看过、听过或是想象过的东西。它使我们以一个崭新而出人意料的方式看待这个世界。

用手抚摸一尊被阳光温暖的青铜雕塑完全不同于站在十步之外观察它。转过博物馆的角落，遭逢一幅你只在书中见过的、覆盖了整面墙壁的油画，也是一种奇妙的震撼。如果你曾去过音乐会，就会发现现场演出产生的声波会使你战栗。

这一单元将进行视觉艺术游戏，使用一些现代艺术家用以表达自我的工具、实验材料和技艺。实验阐明了一个道理——知晓一定的科学知识有助于创作杰作。

我初入大学时学习的是平面设计，如今我转而从事电视节目制作，当时所学仍被频繁地使用着。从构图、字体选择到空间构架，所有技巧都能派上用场，实在是无比美妙的事。这种创造性的知识背景是千金不换的。

克里斯蒂安·安瑟（Christian Unser）
"Twin Cities Live"节目的资深制作人

奇妙的大理石纹纸

实验材料

→ 大碗（至少1.9升）

→ 72克明矾（硫酸铝）

→ 5.7升水

→ 颜料刷（或眼药水瓶子）

→ 海绵（可选）

→ 厚美术纸（或水彩纸）

→ 搅拌机

→ 卡拉胶（22克，玉米淀粉也可作为替代品）

→ 有盖容器（至少3.8升）

→ 浅托盘（或烤盘）

→ 液体丙烯颜料（多色）

→ 牙签

→ 泡沫塑料条（可选）

让颜料漂浮在增稠的水上，成就绚丽的大理石纹样，再把图案拓到经明矾处理过的纸张上。

图8：风干纸张，展示你的作品。

图1：制作卡拉胶溶液。

图2：在盘中的卡拉胶溶液上滴一些颜料。

 ## 安全提示

→ 这一实验需要两天的时间，第一天需要准备纸和增稠的水，第二天给纸染上大理石纹样。

→ 儿童应在成人监护下进行实验。在制造大理石纹样时，卡拉胶的表现要优于玉米淀粉，但不要因此不愿使用玉米淀粉，它仍会带来许多乐趣。

实验步骤

第1步：用大碗混合明矾和1.9升水。用颜料刷（或海绵）把溶液铺满几张厚纸（水彩纸最佳），也可以把纸浸入明矾溶液中。等待纸张完全风干。

第2步：把11克卡拉胶和1.9升水放在搅拌器中搅拌30秒，再倒入有盖的大容器中储存备用。

第3步：把余下的11克卡拉胶和剩下的1.9升水也放在搅拌器中搅拌，再倒入容器中。混合分两批次制成的混合物，静置一晚。此溶液在两天内可用。（图1）

备注：若要用玉米淀粉制成的溶液取代卡拉胶，可遵循如下实验步骤：用120毫升冷水溶解32克玉米淀粉；高温加热煮锅，烧开1.4升水；把玉米淀粉溶液慢慢搅入水中混合，煮1分钟；转小火，再煨2分钟，记得时不时搅拌一下；关火取锅，静置冷却，再加适量水将成品稀释到浓奶油的浓稠度。

第4步：在浅托盘上倒入一层薄薄的卡拉胶（或玉米淀粉）溶液。

第5步：在丙烯颜料中加入适量水混

科学揭秘

要制造一个历久弥新的美丽大理石纹样，必须先使颜料或墨水漂浮在另一种液体上，再进行设计，最后让颜料固着在一张纸或一块布上。

卡拉胶是从可食用的红色海藻中提取出的长链大分子。它们的尺寸和灵活度给予它们形成凝胶状物质的能力。卡拉胶常被用于增稠乳制品，比如酸奶，但在这个实验中，我们用它来增稠水，以便使颜料漂浮在水上。

明矾是一种被称为"媒染剂"的特殊化学物质。媒染剂能很好地与其他化学物质结合，从而固定它们，使之难以移动。明矾常被用于给纺织品染色，比如为制作衣服的布料染色，而其他媒染剂还可用于给其他物品上色，如细菌细胞。在这个实验中，纸张上的明矾与颜料结合并使其固着在纸张上，起着媒染剂的作用。

実
验 **31**

奇妙的大理石纹纸

（续）

图3：在卡拉胶上滴落或点洒颜料。

合，将颜料稀释到全脂牛奶的浓稠度。

第6步：用眼药水瓶滴下颜料，或用刷子把稀释过的颜料点洒到溶液上。发挥创造力，将整个卡拉胶表面覆满颜料。（图2、图3）

第7步：用牙签勾画出大理石纹样。（图4）

第8步：你可以通过把牙签插在泡沫塑料条上来制作出一个标准化的拖动工具，以便制作更多复杂、重复的图案。（图5）

第9步：完成设计后，请小心地覆上一张明矾处理过的纸张并消去气泡，确保它与下层液体平整贴合。（图6）

第10步：小心地提起纸张。可以抵着托盘边缘取出纸张，以此移除掉多余的颜料。（图7）

第11步：在水槽里将彩纸稍加冲洗，去除多余的颜料，让图案变得更加清晰。

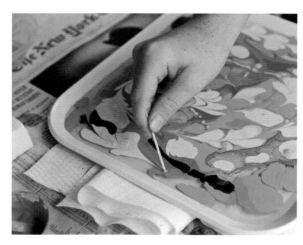

图4：用牙签勾画出大理石纹样。

图5：可用工具制造更为复杂的图案。

图6：把一张处理过的纸铺在图案上。

第12步： 风干你的艺术品，让大家一起来欣赏。（图8）

图7：从托盘中小心地提起纸张。

 **奇思妙想**

用你制成的彩纸制作书签、书皮或立体书。（参见实验22）

自制颜料

实验材料

→ 碗

→ 通用面粉（63克，也可在实验中根据需要自行添加）

→ 水

→ 粉状高岭土（36克）

→ 小型容器若干

→ 干染料（如氧化铁、氧化锌、黑色氧化铁和群青）

→ 画笔

→ 用于作画的纸张（或纺织品）

混合高岭土和干染料，制作一些可堪大用的自制颜料。

图5：创造一幅杰作。

安全提示

→ 在购买干染料前阅读包装上的警告事项。有一些染料是有毒的，因此必须被谨慎处理。请避免使用挥发性染料。

实验步骤

第1步：在一个中等大小的碗中混合面粉和120毫升冷水。仔细搅匀。（图1）

第2步：加入60毫升热水，再仔细混合。

第3步：加入粉状高岭土，充分搅拌。

第4步：继续加入面粉和水，直到达到理想的黏稠度。（图2）

第5步：把混合物分别装进几个容器中。

第6步：在每个容器中加入一些干染料并搅匀，持续加入更多染料以获取你理想中的颜色。（图3、图4）

第7步：用混合出的颜料在纸张（或纺织品）上画图。（图5）

第8步：余下的颜料可以被密封冷藏约一周时间。

图1：量取适量面粉、粉状高岭土和水备用。

图2：把这三种东西放在容器中，仔细搅匀。

图3：把干染料加入混合物中，搅匀。

图4：试色。

科学揭秘

我们之所以能看见颜色，是因为光线会按照不同配比射入我们的眼睛里。例如，绿草会吸收除绿色光谱范围外一切波长的光，因此只有绿光被反射回我们的眼睛里。

染料是赋予事物颜色的分子，这个实验中制成的颜料是用天然染料上色而成的。

被称作"氧化铁"的染料是铁和氧气相互作用的结果，它可以呈现从黄色到红色、再到黑色的颜色。红色的氧化铁反射红色的光波，而黑色的氧化铁则吸收了光谱可见范围内的一切颜色。氧化锌则相反，它反射一切颜色，因此呈白色。

考古学家和科学家相信史前艺术家已经在使用天然染料来制作岩画，例如红色氧化铁和黑色木炭。

💡 奇思妙想

制造一些其他类型的颜料。从前艺术家常用鸡蛋做蛋彩画颜料的黏合剂，你可以在网上找到相关配方，用这个实验中的染料来制作蛋彩画。

自 制 纸 张

`1000101010101000100000010101000101010010100001000010`

实验材料

→ 剪刀（或碎纸机）

→ 废纸若干

→ 碗

→ 水

→ 搅拌机

→ 食用色素

→ 闪粉（可选）

→ 饼干模具（或罐头盖）

→ 旧纱窗

回收碎纸片，自制美丽的纸张。

图5：在纸张干透后，轻柔地把它从纱窗上剥下。

 安全提示

→ 儿童应在成年人的监护下使用搅拌机和碎纸机。

实验步骤

第1步：把纸张剪成或撕成小碎片。

第2步：把碎纸放进碗里，加水浸泡2小时或一整个晚上。

第3步：把浸透的碎纸放进搅拌机，搅打至内容物的质感顺滑如纸浆。你可能需要在搅拌过程中加入更多的水。（图1）

第4步：把纸浆分成几小份，可根据喜好在每份纸浆中加入食用色素、闪粉或其他装饰性材料。（图2）

第5步：在纱窗上方放置饼干模具，或不用模具直接做出一整张纸。

第6步：把纸浆压进饼干模具，或直接压在纱窗上。（图3、图4）

第7步：用你的手指按平纸张，挤出多余的水分。

图1：撕碎、浸泡、搅拌纸张。

图2：在每份纸浆中加入食用色素和闪粉。

图3：用饼干模具定型，制作小片纸。

图4：把纸张直接按压到纱窗上，制成更大的纸张。

第8步：等待纸张自然风干，再小心地从纱窗上揭下。（图5）

奇思妙想

在纱窗上用不同颜色的纸浆组成场景、静物或肖像画。

试着用滤网或电线扭出一个三维造型的纸雕模具。

寻找更多可用于造纸的实验材料，如布料、枯叶或干花，甚至香薰精油。

科学揭秘

正如我们今日所知的那样，纸张是由中国人最先发明的。在此之前，我们用压缩、干燥的植物如纸莎草，动物皮肤、骨头、竹简甚至丝绸作为书写的载体。

真正的纸张是纤维制成的，这些纤维先是被彻底捣烂，后又被重塑成平整的片状。纸张相当经久耐用，又因轻便灵活而易于运输。

纸张最常用作为书写、涂鸦和绘画的载体，但它自身也可被赋予雕塑、折叠、剪纸、拼贴画或多媒体艺术等形式，直接成为艺术品。

纸艺工程师能将数学、科学和设计结合起来，从而更好地合成、制作和利用纸质产品。

热熔胶复制品

实验材料

→ 贝壳及其他用来制作印痕的物品

→ 黏土（或橡皮泥）

→ 热熔胶枪和热熔胶棒（如有，可以使用多色的热熔胶棒）

→ 剪刀

用热熔胶枪和橡皮泥制作小玩意儿的复制品吧！

图4：它看起来像原来那件东西吗？

图1：把贝壳（或其他小玩意儿）压进黏土（或橡皮泥）中。

图2：用热熔胶填充印痕。

图3：在热熔胶冷却后从橡皮泥中取出铸件，并把它清理干净。

实验步骤

第1步： 把贝壳（或其他小玩意儿）压进黏土（或橡皮泥）中，以获取一个印痕。（图1）

第2步： 用热熔胶填满印痕，尽量填充每一个角落。（图2）

第3步： 让热熔胶自然冷却至室温，变为固态。

第4步： 从黏土（或橡皮泥）中取出热熔胶铸件并清理干净。（图3）

第5步： 用剪刀剪去多余的热熔胶。

第6步： 对比铸件与原件。它们看起来一样吗？（图4）

🪖 安全提示

→ 儿童应在成人的监护下用热熔胶填充印痕。请避免儿童直接接触热熔胶枪和热熔胶棒。

奇思妙想

用你做好的贝壳铸件再制造一件艺术品吧！

·········· 科学揭秘 ··········

熔铸是把液体材料倒进一个中空的模具并待其硬化的一种工艺。一旦凝固，工匠就会从模具中把硬化了的、被称为"铸件"的三维形体取出。这一工序可将金属、石膏、混凝土等材料塑造成复杂的形状。

青铜的主要成分是铜，同时掺杂着锡和其他用以增加强度的金属。用青铜制成的铸件雕塑已经有数千年的历史，它可以在由砂、蜡或乳胶制成的模具中被熔铸。虽然大多数繁复的古青铜雕塑来自尼日利亚，但作为最古老的青铜雕塑之一的、被称为"舞女"的青铜雕塑却被发现于当今的巴基斯坦。

著名的法国雕塑家奥古斯特·罗丹（Auguste Rodin）和他的门生卡米耶·克洛岱尔（Camille Claudel）曾用砂砾根据石膏模具制作青铜雕像。

冰 封 之 花

实验材料

→ 新鲜的花朵和草木
→ 1个大号的透明塑料容器
→ 水
→ 空间足够大的冷冻柜
→ 相机
→ 打印机

捕捉冰封之花的美丽。

图6：打印照片。

安全提示

→ 儿童在大型盛水容器附近活动时，需要成年人在旁监护。

实验步骤

第1步：在得到许可之后，剪下或摘下鲜花！（图1）

第2步：把花朵放进一个透明的、可冷藏的容器里。（图2）

第3步：往容器里注水后放入冷冻柜里冷藏。你可以让一些花枝沉在水下，让另一些露出水面，看看会发生些什么。（图3）

第4步：待容器里的水结冰凝固后，将容器从冷冻柜中取出。你可以用水冲一冲冰块，让它变得更透彻，且更容易从容器中剥离。（图4）

第5步：从不同的角度和距离给冰块中的花朵拍照。（图5）

第6步：在冰块融化的过程中持续拍摄，以此来记录花朵的变化。

第7步：打印照片。（图6）

图1：剪下鲜花。

图2：把它们放进一个透明容器里。

图3：往容器里注水后将其冷藏。

图4：从冰箱中取出冻花并观察它们。

图5：从不同的角度和距离拍摄照片。

奇思妙想

在网上搜索全球各地艺术家拍摄的冻花（frozen flower）照片。

试着以有趣的方式冷冻其他物品并拍下照片。例如，你可以把一个对半切的苹果冻到一个完整的苹果旁边。

用一个充水的气球制作冰封之花。在气球里的水冻硬了之后，除去气球橡胶外皮以呈现你的作品。

科学揭秘

艺术家让观者以一种崭新的方式观看物体。冻花制造了一幅令人浮想联翩的画面：它们的某些部分可能清晰可见，但另一些部分却因气泡和小裂缝变得暧昧模糊。被冰封住的花朵得以维持它完美的姿态，露出冰面的那些却可能枯黄萎缩。

冰晶将空气阻挡在外，从而避免由化学反应引起的色彩变化。

蔬 果 印 章

实验材料

→ 水果和蔬菜（如苹果、
　葡萄、玉米、橙子、
　辣椒）
→ 塑料刀（给儿童使
　用）、真刀（给成年
　人使用）
→ 砧板
→ 可水洗颜料（如蛋彩画
　颜料）
→ 盘子
→ 纸张

用蔬菜水果的形状和纹路来印制一幅杰作吧！

图3：试着创造出一个图案。

安全提示

→ 成年人应该负责处理苹果和橘子这样的水
　果。如果儿童想要自己动手，可以让他们
　用塑料刀切割葡萄、草莓一类的水果。
→ 不要食用已经沾过颜料的蔬果。

实验步骤

第1步： 把水果蔬菜对半切开，露出内
　　　　部的种子和形状。试着从水平
　　　　和竖直两个方向进行切割并进
　　　　行比较。（图1）

第2步： 把不同色的颜料分别倒进几个
　　　　盘子里，以便取用。（图2）

第3步： 把切割后的蔬果浸入颜料，用
　　　　它们在纸上制造印痕。

第4步： 你能创造出一个图案吗
　　　　（图3）？

第5步： 试着辨识每个印痕分别来自哪
　　　　种蔬果。（图4）

图1：切开水果蔬菜，这样你就能看到它们内部的种子和形状。

图2：将几种颜色的颜料分装在盘子里。

图4：你能辨识出每个印痕分别来自哪种蔬果吗？

奇思妙想

不一样的切割方式将带来不一样的对称图形。请将一个苹果从上到下对半竖切，而将另一个苹果从左到右对半横切。描述你在每个苹果中所见到的对称图形的类型。（参见"科学揭秘"）

用葡萄等小型的圆形水果来制作由大量斑点组成的点彩画。在网上查找一些点彩画作品的照片来寻求灵感。

科学揭秘

目光所及之处，对称无处不在。当你揽镜自照、对比镜像左右两侧时，你会注意到它；当你凝神近观一片雪花时，你也会注意到它。词典将它定义为"物体或图案由彼此相对或围绕一个轴形成的完全相似的部分组成的性质"。当你把一个水果对半切开的时候，你将会看到不同类型的对称，而这取决于你是竖切还是横切。

对称主要有三种类型。如果某物轴对称，这意味着它能由某条假想线分为看起来完全一致的两侧，如蝴蝶。旋转对称的物体可以围绕着一个中心点旋转，而仍然保持同样的形状，比如海星。中心对称的物体和设计则有与同一点距离相同但方向相反的匹配部分。

刮板蚀刻

用荧光笔和蜡笔制造多彩的刮板纸张吧！

图3：刮去蜡笔涂抹的蜡来制造图案。

实验步骤

第1步： 用不同颜色的荧光笔在厚卡纸上涂出若干色块，铺满整张纸。（图1）

第2步： 用黑色蜡笔在荧光笔的色块上盖上厚厚的一层蜡。（图2）

第3步： 用竹签（或牙签）的尖端在蜡层上刮出图案，露出被蜡笔涂层遮盖的色彩。（图3）

第4步： 用尖细的牙签头刮出精致的图案，或用较粗一些的竹签头刮出更为粗线条的图案。（图4）

实验材料

→ 厚卡纸
→ 不同颜色的荧光笔
→ 黑色蜡笔
→ 竹签（或牙签）

 安全提示

→ 请用足量的黑色蜡笔来涂盖荧光笔色块。

图1：用荧光笔涂满纸张。

图2：用黑蜡笔盖住荧光色块。

图4：用尖细的牙签头刮出细线条。

奇思妙想

用不同的材料再次实验。试试用记号笔、彩色粉笔、水彩和绘画颜料在纸张上涂色，再用蜡笔覆盖，看看哪些材料能产生最好的效果。

把一个土豆切半，用竹签在平滑的那一面刻出凹槽。在土豆上沾上薄薄的一层颜料，用它在纸上盖章来制造负片——在土豆颜料的映衬下，你的刻线会显得更白。

科学揭秘

传统的蚀刻是在裹着蜡的金属板上完成的，经过处理后，这些金属板就能在纸上制造出印痕。艺术家首先在蜡上刮出设计，设计完成之后，裹着蜡的金属板会被浸到酸液里，酸液侵蚀裸露的金属，在金属板上被除去蜡的位置形成凹槽。

然后，艺术家会从酸中取出金属板，并移除剩下的蜡。再在金属板上涂满墨水，就可以转印了。多余的墨水会被擦掉，但仍有一些会残余在凹槽中。金属板会被放在一种叫做"印刷机"的机器中，这种机器能将纸张压在印版上，让纸张从蚀刻的线条中吸取墨水。一块印版能够制作许多张印画。

艳丽蜡染

1000101010100000000010101010101010100000101010101000100000

实验材料

→ 白胶

→ 白色的棉制布料（如洗碗布）

→ 电吹风（可选）

→ 可水洗颜料（如蛋彩画颜料）

→ 画笔

→ 塑料容器（用来清洗布料，也可直接在水槽中进行）

用胶水和颜料制作出美丽图案吧！

图5：展示你的设计。

 ## 安全提示

→ 儿童应在成年人的监护下处理打开的水罐。如果准备使用电吹风，请确保它不会沾水。

实验步骤

第1步：用胶水在布料上进行图案设计。（图1）

第2步：等待胶水风干，也可以用电吹风加速这一过程。

第3步：待胶水干透后，用明亮的颜色在它上面绘制图案。（图2）

第4步：等待颜料风干。（图3）

第5步：待颜料干透后，用水洗去多余的颜料。（图4）

第6步：刮去多余的胶水，静待作品干燥。

第7步：展示你的设计。（图5）

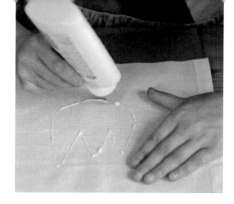

图1：用胶水在布料上进行图案设计。

图2：在胶水干透后上色。

图4：用水洗去多余的颜料。

图3：等待颜料风干。

科学揭秘

"疏水性"（hydrophobic）一词意即"恐水"，蜡等疏水材料会排斥水的接近。如果在布料上涂抹或滴上热蜡，它就可以避免纤维与染料的结合。

自古以来，人们一直用蜡在纺织品上制造图案。蜡染就是使用疏水材料在布料上进行设计。这种方法被世界上的许多国家所采用，一些最为著名的蜡染艺术作品是在印度尼西亚的爪哇岛上产生的。

 奇思妙想

想想其他可以充当水与颜料之间防染剂的东西。试着用蜡笔的蜡或树胶胶水制作蜡染。

用蜡染装饰一块布，使之呈现出互联的几何图形。（参见实验47）

浮 雕

10001010101010010000000100101010101010001010010100001000000

实验材料

→ 印文字或图案用的模板
→ 胶带
→ 卡纸（或厚纸张，如水彩纸）
→ 伸缩式圆珠笔（或触控笔）
→ 高强度铝箔
→ 塑料容器
→ 牙签（或竹签）

用突起的纹样和图案装饰卡纸或铝箔吧！

图2：把卡纸（或厚纸）放在模板上，用胶带固定，然后在上面用笔临摹形状。

安全提示

→ 用圆珠笔（或触控笔）在卡纸上重重描画，以获取清晰的印记。
→ 模板是用厚纸（或卡纸）剪出的图形。如果没有现成的模板，可以用厚纸或卡纸剪出自己想要的图案作为模板。

实验步骤

第1步：把模板贴在窗户上。（图1）

第2步：把卡纸（或厚纸）放在模板上，用胶带固定。

第3步：用缩回笔芯的圆珠笔的尖端（或触控笔）描画模板图案的边缘。用力点！（图2）

第4步：从窗户上取下纸张，把它翻过来看看你的浮雕设计。（图3）

第5步：如要凸刻铝箔，就需要把一块高强度铝箔蒙在一个开盖的塑料容器上。

第6步：用牙签（或触控笔）在铝箔上轻轻描绘。如果太过用力，其尖端就会戳破铝箔。（图4）

第7步：取下铝箔，把它翻过来看看你的浮雕设计。（图5）

图1：把模板贴在窗户上。

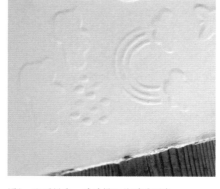

图3：取下纸张，看看描画的浮雕图案。

图4：你也可以在铝箔上凸刻图形。

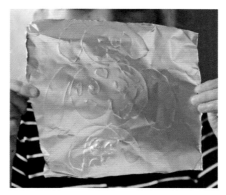

图5：翻过来看看上面的浮雕图案。

 奇思妙想

试着在其他材料或不同类型的纸张上凸刻。什么材料效果最好？

科学揭秘

浮雕是在一块材料的表面上制造凸起图案的技术。这种技术原来被用于制造印章、装饰信封封口或认证文件。专业的压花机使用机器将图案转印到纸上。这一机器包含两个被称作"冲模"的金属部件，当一张纸被夹在这两个部件中间时，带有凸起图样的冲模就会将纸张推入另一个冲模的压印中，由此完成压花。

由于纸张可以被按压、被折叠，可以将二维图像转化为三维，所以许多艺术家将它用作艺术的中介。一些立体派艺术家将报纸加入他们的作品，许多现代艺术家结合传统工艺和现代技术，通过打印、切割、雕塑等手段将纸张转变为复杂的设计品和栩栩如生的杰作。

击打植物印花

实验材料

→ 处理布料用的明矾和小苏打（可选；本实验中没有预先处理布料，但预处理有助于结合和保存颜色，参见"安全提示"；也可以购买已经经过染色预处理的布料）

→ 无纹理的棉布（如洗碗布，厚布的效果比薄布好）

→ 新鲜的叶子和花朵（干叶子无效）

→ 坚硬光滑的面板，用于击打（如木砧板、雕刻板）

→ 蜡纸（或保鲜膜）

→ 防护眼镜

→ 熨斗和熨板

→ 木槌或铁锤

→ 颜料（或彩笔，可选）

用铁锤或木槌把植物色素转移到布料上，用你最喜欢的花叶制作美丽印花。

图6：这样你就制成了印花图案！

安全提示

→ 推荐使用防护眼镜。儿童应在成年人的监护下使用木槌和铁锤。

→ 如果要预处理布料，可以这样做：在实验前一天，往大锅中加入1.9升水、12克明矾和1茶匙小苏打。加入布料煮沸后转文火煨2小时，关火后至少让布料再浸2小时。在实验前让布料干透。

实验步骤

第1步： 收集色彩鲜艳的叶子和花朵，选择可展平的植物。（图1）花蕊巨大的花朵也不适合用，如金光菊，但它们的花瓣可以被摘下敲打。

第2步： 用蜡纸（或保鲜膜）覆盖击打用的面板。

第3步： 剪出一块布料，其对折后的尺寸与击打用面板尺寸一致，将布料熨烫对折。

第4步： 在击打用面板上展开布料。

第5步： 在布料的一侧排布叶子和花朵。（图2）

第6步： 把布料再次对折，盖住植物。戴上防护眼镜，用铁锤（或木槌）连续敲打布料。如果用的是铁锤，敲打时请尽量轻些。（图3、图4）

第7步： 反复捶打，直至能透过布料看到叶子的形状。随着色素渗出，你将会看到正在敲烂的东西的轮廓。提示：在处理秋叶

图1：收集叶子和花朵。

图2：在布料上安放植物。

图3：对折布料，盖住植物。

图4：用铁锤（或木槌）击打布料。

图5：展开布料，露出印花。

.... 科学揭秘 ....

花朵、叶子、果实和蔬菜充满了赋予它们颜色的奇妙色素。在本实验中，我们通过用铁锤或木槌捶打挤压，把植物色素转移到布料上。

叶子中的绿色色素被称为"叶绿素"。在秋天，树叶内的叶绿素逐渐减少，这样叶子内的红色、黄色和橙色的色素就变得肉眼可见了。

印花一侧的颜色可能更浓郁。叶子表面被一种称作"角质层"的蜡制外衣覆盖着，而有时叶子正面的角质层比背面来得更厚。

时，铁锤比木槌效果更好。在处理多汁的叶子和花朵时，请使用木槌或轻敲铁锤。

第8步： 完成击打以后，展开布料，查看你制作的印花。移开布料上的叶子和花瓣。（图5、图6）

第9步： 给图案标上植物名，用颜料（或彩笔）为其增色，也可以保留自然状态的图案。

 **奇思妙想**

在你制造的印花中，能识别出叶片的哪些部位？

1000101010101000100000010101010101001010100010100010000

实验材料

- → 12个白色生鸡蛋
- → 图钉
- → 回形针
- → 用于清除蛋清和蛋黄的注射器（或专门工具）
- → 一次性手套（如乳胶手套）
- → 小型一次性容器
- → 水
- → 指甲油（多种颜色）
- → 牙签

在中空的鸡蛋上制造美丽的旋涡图案吧!

图5：试着制作不同的纹样。

🪖 安全提示

→ 除去蛋黄和蛋清可能需要一些技巧，儿童往往需要成年人或更年长伙伴的帮助。

→ 儿童应在成年人的监护下使用指甲油或图钉。

→ 制造大理石纹样的蛋壳需要练习和耐心，请不要感到挫败。你必须在水面上的指甲油干透之前迅速动作。一些颜色的效果会好于另一些颜色。

实验步骤

第1步： 用图钉在每个生鸡蛋的两端分别戳一个孔。

第2步： 把一枚回形针掰直，插入其中一个孔，搅匀壳内的蛋黄、蛋清。

第3步： 在注射器内装满空气。把注射器插入鸡蛋，迫使壳内的蛋黄、蛋清从另一端的孔中流出。在鸡蛋变空后，将其洗净风干。用同样方法处理所有的鸡蛋。（图1）

第4步： 戴上手套,在一次性容器中注水。

第5步： 摇匀指甲油，旋开盖子。

第6步： 在水中滴入一滴指甲油。

第7步： 迅速在刚刚滴入的指甲油中心再滴1～2滴指甲油。

第8步： 立刻用牙签在指甲油上创作图案。（图2）

图1：在生鸡蛋的每一端戳孔，取出蛋黄和蛋清。

图2：用牙签在指甲油上创作图案。

图3：在指甲油图案上滚过一个蛋壳，用单层指甲油图案覆盖蛋壳。

图4：在蛋壳的另一面上印图案。

第9步：在指甲油图案上滚过一个蛋壳，试着让图案平滑地附着到蛋壳上。（图3）

第10步：用牙签移除容器中多余的指甲油，在同一个蛋壳的另一面或一个新的蛋壳上重复以上步骤。（图4）

第11步：在蛋壳上创造出更多图案。（图5）

☀ 奇思妙想

为了给指甲印上大理石纹样，可以先用胶带或凡士林覆盖你指甲周围的皮肤，再在水中滴入指甲油，最后将图案转印到你的指甲上。（图6）

图6：先在指头上覆上胶带或凡士林，再给指甲印上大理石纹样。

科学揭秘

指甲油之所以会浮在水面上，是因为它的密度比水小。指甲油含有能令它迅速干燥的化学物质，以便其正常使用，但却提升了这个小实验的难度。

大多数化妆品是由科学家和工程师研发的。安全性、保质期、鲜艳的色彩、香味和涂抹的顺滑度都取决于化学物质是否被正确混合。从指甲油到唇膏，再到乳液，化学物质随处可见。

数学 MATH

大多数人认为数学就是算数的方法。实际上，数学是大量概念的灵感之源。这些概念可用于艺术、工程、物理、技术、医学和音乐等诸多领域。

这个宇宙中的几乎所有东西都能用数学方程式描述。某物一旦被数学描述，那么它被找到应用于实际问题的方法就只是时间问题了。

比如，古希腊人通过思索数列和分数提出"原子"的概念。一旦你开始分割某物，比如苹果，它就会变得越来越小：$\frac{1}{2}$，$\frac{1}{4}$，$\frac{1}{8}$，$\frac{1}{16}$，$\frac{1}{32}$，$\frac{1}{64}$ 等。你能找到规律吗？每项分母的数字都是前一个分数分母的两倍。由此，希腊人想到，在某一时刻，你会得到一个不可再分的微小碎片。古希腊哲学家德谟克利特把这种设想描述为"不可再分割"或"原子论"，把这些碎片称为"原子"。

在本单元中，你将制作莫比乌斯带，通过切割苹果来学习分数，动手制作一个立体艺术，进行图案和分形游戏，绘制一个斐波那契螺旋。

当我不在作曲作词的时候，我会在日常工作中做一些技术活。其实我制作音乐的一半时间也会花费在技术工作上。在此期间，我从数学和编程课堂上学到的一切逻辑将时时回响，渗透到一切与作词作曲、安排、录音问题有关的解决方案中。艺术、科学、数学、音乐、设计、化学、感情、生物学，其实都是一体的。

马特·威尔森（Matt Wilson）
Trip Shakespeare、The Twilight Hours乐队的唱作人和制作人

立体派动物

10001010101010000000101010100101010101000001010101010001000000

实验材料

→ 打印机（或带有动物照片的杂志）

→ 剪刀

→ 铅笔

→ 记号笔（或颜料）

→ 纸张

→ 雕塑材料（如黏土或橡皮泥）

立体派艺术家致力于用崭新的方式呈现物体，因此常常同时从几个不同的角度或用不同的透视法描绘，以捕捉物体的本质，而非制造一个逼真的复制品。在本实验中，我们将重组你在动物身上发现的几何图形，并以此创作出立体派艺术品。

图3：用雕塑黏土重塑你的设计。

 安全提示

→ 让你的想象力自由飞翔吧！

实验步骤

第1步： 打印一张动物的照片或从杂志中裁出一张动物图片。

第2步： 找到动物形象中的几何图形，比如圆形、椭圆形、三角形、长方形和正方形。（图1）

第3步： 在另一张纸上，用记号笔画下重新组合过的图形。试着以能够代表动物行为模式、捕猎模式或运动模式的方式重新排布这些图形。你可以改变图形的尺寸。（图2）

第4步： 重现原来的动物，再用雕塑黏土把你的图画建构出来。

第5步： 简单勾线或用颜料画出第二只立体动物。这一次，观察你制

图1：打印一张动物照片，找出几何图形。

图2：调换图形的顺序。

图4：充分发挥你的创造力！

图5：你还能认出这个动物吗？

作的雕塑，想象同时从多角度观察它，画出你所看到的形状。（图5）

奇思妙想

制造一幅立体主义的动物拼贴画，以纸张与纺织物为创作原料——纺织物可以展现动物的某一特质，也可以单纯用于增加趣味。

在网上查找导电橡皮泥的配方，使用导电橡皮泥创造一个可点亮LED灯的立体派动物。

正方形、三角形等几何图形往往有着对称性和坚实的线条，但现实中的生物真正的形状往往是弯曲的、不规则的。伟大的艺术家总是非常善于寻找形状，使他们的作品变得更加有趣、更有感染力。

尽管具象派的画作在使用颜料和技艺时会强调特定的元素特征，它描绘出事物的形态仍旧会或多或少地出乎我们的意料。

立体派最初于二十世纪早期出现在欧洲，转换了具象派艺术呈现事物的角度。立体主义艺术家创造了以几何图形呈现的绘画和拼贴画。

时 尚 耳 环

实验材料

→ 强力胶带（至少2种颜色）

→ 剪刀

→ 钥匙扣环（或首饰配件，可选）

把时尚图案捆绑在一起做个潮物吧！

图5：你还能制作出其他什么东西？

 安全提示

→ 在颜色选择上驰骋想象！

实验步骤

第1步：撕下一块方形的胶带。把两个角折到中间，制作出一个尖角。（图1）

第2步：平整胶带。（图2）

第3步：制作另一个不同颜色的胶带尖角。把一个尖角胶面朝下放置，把另一个尖角叠在它上面，两个尖角指向同一个方向，处于下方的尖角凸出约6毫米。胶带会把它们粘在一起。

第4步：用同样的方法再处理几个尖角，以获取一个重复的图案。（图3）

第5步：当你完成了图案制作后，可以修剪边缘，把此图案艺术品变成一个书签、一个钥匙扣、一对耳环或其他什么东西。（图4）

图1：撕下一块方形的强力胶带，把两个角折到中间。

图2：平整胶带。

图3：把尖角粘在一起，制作一个重复的图案。

图4：完成之后修剪边缘，制作成书签或装饰品。

第6步：如果你没有耳洞，可用一小片胶带，将作品固定在耳朵上当作耳环。

第7步：你还能用这种方法制作出其他什么东西？（图5）

奇思妙想

发明折叠胶带的新方式，创造一个新的原创设计。

科学揭秘

模式常见于自然和人造物的重复形式。从音乐到建筑，我们把它们注入每一样东西中。

为了制作迷彩，设计师需要模仿出让物体融入特定背景的模式，或者制造出破坏性模式、毁坏一切规则的模式。

在数学中，序列是遵循一定模式的一串数字。你可以在乘法表和更复杂的数字模式中找到它们的身影，例如斐波那契数列。（参见实验46）

爱达·勒芙蕾丝（Ada Lovelace）是第一位预见到计算机巨大潜力的数学家。也许这个想法的部分灵感就来自她对艺术模式的熟悉。1843年，她曾说："用分析机编织代数模式，就像用提花织机编织花朵和叶子一样。"

分形几何

实验材料

→ 纸张
→ 铅笔（或钢笔）
→ 颜料（可选）

重复绘制简单的形状，种下一颗美丽的、枝杈繁茂的树吧！

图4：给你的画上色。

图1：画2~3个大"Y"作为树的主干。

图2：用越来越小的"Y"作为分支。

 安全提示

→ 儿童可能需要一些示范。在简单示范后让他们接手工作吧！

实验步骤

第1步： 在纸上画2~3个大的"Y"作为树的主干。（图1）

第2步： 画更多"Y"来制造从主干伸出的新枝干。（图2）

第3步： 继续画，直到边缘的树枝变成微小的嫩芽。（图3）

第4步： 将你的画作上色、细化。给予你的树艺术的生命。（图4）

图3：画出越来越小的树枝。

奇思妙想

查找、绘制更加复杂的分形。比如，你可以用三角形绘制一个科赫雪花。

科学揭秘

世上的一些形状有着奇怪的属性，如果你从某处分割它们，分割所得的每一个部分看起来都与原先的整体无异，仅仅是尺寸变小了。这些重复的图形被称作"分形"。从树枝，到你肺部的支气管，再到花菜和雪花的分支，你会发现它们存在于大自然的每个角落。人造的分形同样存在于世界的每一处。在非洲，许多村庄、艺术品，甚至是篱笆都呈现出分形的图案。

数学家本华·曼德博（Benoit Mandelbrot）创造了"分形"这个词。他研究了自然界所谓的"粗糙度"和"自相似性"，用数学来描述分形。他的发现已被用于股票市场、医药和电影技术等领域。他以发现"曼德博集合"而闻名，此集合被用来定义无限复杂的分形边界。

透视画

实验材料

→ 直尺

→ 铅笔

→ 任意尺寸的正方形纸张
   或（画布）

→ 橡皮

→ 颜料（或记号笔）

把纸张分成4个相似的三角形，以中心为假想的中心点，制造带有距离的错觉。

图4：在你的画上添加更多颜色和具体细节。

🪖 安全提示

→ 可以在作画前查看一些道路和渐远景色的图片以获取灵感。看看文森特·梵·高（Vincent van Gogh）的杰作《卧室》（The Bedroom）和贝尔特·莫里索（Berthe Morisot）的油画《洛里昂港口》（The Harbor at Lorient）吧！艺术家们用了怎样的技巧使事物看起来或远或近？

实验步骤

第1步：用尺子在正方形纸张上画两条对角线。

第2步：在纸张上线条交汇的中心位置画一个小点。这个点就是消失点，所有你所画的东西都会在这里因距离而远去。

第3步：如果你要绘制一个房间，在画面正中绘制一个正方形作为背景墙，然后在墙上画一道门。（图1、图2）

第4步：如果你要绘制一条渐行渐远的道路，画一个以画面正中的消失点为顶点、以画纸一边为底的三角形。距离消失点越远、离底边越近，三角形越宽。（图3）

第5步：用铅笔在你的画作上增添细节，用橡皮进行修正。越靠近画面边缘的物体的尺寸应该越

图1：用直尺画出直线。

图2：在画面中心画上一个正方形，添上房门来描绘一个房间。

图3：或者，描绘一条在远处消失的道路。

大，越靠近消失点的物体的尺寸应该越小。利用若干平行于纸张两边或斜线的线条辅助创作。

第6步： 如果你画的是一个房间，可以试着在绘制的墙上添一两幅同样遵循透视原则的画作。

第7步： 用颜料（或记号笔）给你的透视画上色。（图4）

奇思妙想

在一张大纸上创作另一幅房间的透视画。你能用墙上的装饰画来画一间房中房吗？在绘制微型房间的时候也不要忘记透视原则！

科学揭秘

透视是在纸张等二维表面运用数学原理制造三维逼真事物的艺术。

单点透视的图画包含单个水平线上的消失点，适用于为观察者呈现直面的东西，比如一条走廊、一个房间或一条在远处消失的道路。

"近大远小"取决于光线进入你眼球的角度：当某物离你很近，被它反射的光线将以一个较大的视角进入你的眼球；这一角度越小，某物看起来就越小。

在本实验中，我们把纸张分成4个相似的三角形，并将中心作为假想的消失点。消失点意味着此处的光线角度不再能使你看到事物。

斐波那契螺旋

运用数学知识绘制一个完美的螺旋。

实验材料

→ 大尺寸纸张（至少为38
厘米×55厘米，也可以
用胶带把小尺寸的纸
拼成一大张）
→ 铅笔
→ 直尺
→ 圆规

图4：这样你的斐波那契螺旋就画成了！

安全提示

→ 熟练使用圆规确实需要费上一些工夫。请不要沮丧！
→ 在实验开始时写出斐波那契数列，这样你就会明白需要绘
制多大的正方形。只需要把数列的每一项的数字加上前一
项的数字，就可以得出下一项的数字：1, 1, 2, 3, 5, 8, 13, 21,
34, 55……

实验步骤

第1步： 将纸张水平放置。

第2步： 在距画纸左侧18厘米、画纸顶
端12厘米的位置，用直尺画出
两个相邻的、尺寸为1厘米×1
厘米的正方形。（图1）

第3步： 在这两个正方形的正下方，接
上一个尺寸为2厘米×2厘米的正
方形。（图2）

第4步： 在前三个正方形的右侧，画一
个边长为3厘米的正方形。

第5步： 在这些正方形的上面，添上一
个边长为5厘米的正方形。

第6步： 在左侧绘制一个边长为8厘米的
正方形，在这个正方形下面，画
一个边长为13厘米的正方形。
最后，在所有正方形的右侧，画
一个边长为21厘米的正方形。

第7步： 把圆规尖顶在两个1厘米×1厘米

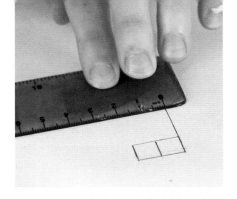

图1：画两个相邻的、尺寸为1厘米×1厘米的正方形。

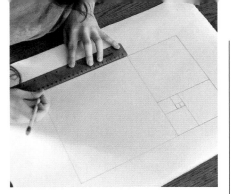

图2：依次添上边长为2厘米、3厘米、5厘米和8厘米的相邻的正方形。

正方形底部的接触点上，把圆规笔头抵在右侧正方形的右下方，从右转到左，画出一个半圆。

第8步： 把圆规尖顶在边长为2厘米的正方形的右上角，继续画弧。

第9步： 用圆规绘制不间断的曲线来连接所有的正方形，直至你得到一个穿过所有正方形的螺旋。（图3、图4）

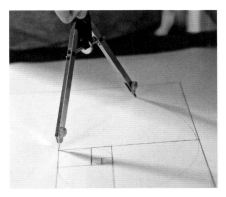

图3：用圆规绘制弧线以连接各个正方形。

奇思妙想

查看自然界中带有斐波那契螺旋的图片，按照其中某个事物的模样装饰你的螺旋。

图5：把你的螺旋变成某一种自然纹样。

图6：为其上色。

科学揭秘

斐波那契数列是这样一串数字——从第三项开始，其中每个数字都是其前面两个数字的和，例如1+1=2，1+2=3，2+3=5，3+5=8，等等。你最后会得到这样一个数列：1，1，2，3，5，8，13，21，34，55……

根据斐波那契数列绘制一组正方形，再用四分之一圆连接它们，你就将得到一个斐波那契螺旋。从向日葵种子的图案、飓风到遥远的星系，斐波那契数和螺旋在自然界中频繁地出现着。

如果你把斐波那契数列中的某个数除以其前一个数，你就会得到一个接近1.618的数字，即"黄金比例"或"φ"。许多艺术家已经在他们的作品中用这个比例来构建空间和人的面部。由斐波那契数列前七个数字得到的黄金比例也与音符的振动频率有关。

镶嵌装饰

实验材料

→ 口香糖若干（可选）

→ 意大利面（蝴蝶形意面和通心粉效果较好，可选）

→ 胶水（或白胶、热熔胶枪和热熔胶棒）

→ 坚实的纸板（如海报板、珍珠板）

用口香糖或意大利面铺满海报板，以此创作出数学镶嵌的图案吧！

图5：尽量填满所有缝隙。

实验步骤

第1步： 如果你要用口香糖制作一幅镶嵌装饰，你需要先决定是否剥去口香糖的包装纸。

第2步： 从纸板表面的一角开始，用胶水、口香糖（或意大利面）制作一幅紧密贴合的重复图案。剥去包装纸的口香糖将赋予你的艺术品好闻的气味！（图1～图3）

第3步： 在纸板上粘上更多的口香糖（或意大利面），直到纸板被完全覆盖。（图4、图5）

第4步： 试着使用不同的、形状互锁的意大利面来创作。

第5步： 你能创造出几种不同的图案？

安全提示

→ 儿童应在成年人的监护下使用热熔胶枪。

图1：将口香糖按重复的样式粘贴在海报板上，覆满整面。

图2：试着用意大利面进行同样的工作。

图3：剥去包装纸的口香糖会让你的艺术品闻起来很棒。

图4：逐步制造图案。

奇思妙想

上网查看一些M·C·埃舍尔（M.C. Escher）制作的镶嵌画。

找到其他可用于制作镶嵌装饰的形状，或找到一件可以描边的物件，以它为模具绘制镶嵌装饰。你还可以为制作镶嵌装饰创作更多新的图案模式。

科学揭秘

镶嵌装饰是由完美契合的形状组成的图案，形状与形状之间不留空白区域。镶嵌也被称为平铺。如果你用正方形、等边三角形、六边形完全覆盖一块平面，并且它们都以相同的方式组合在一起，那么你就创建了一种常规镶嵌。

在自然界中，你可以在蜜蜂建造的蜂巢中看到常规镶嵌。晶体则是三维的分子镶嵌，由分子以重复的模式填充空间形成。

从苏美尔人*的古老时代开始，微小的几何形状就已经被用来制作黏土、石头和玻璃制的镶嵌图案。世界上一些最为美丽的镶嵌图案来自一些集中力量创造复杂几何图案的文化。艺术家M·C·埃舍尔因创作镶嵌画而闻名。

*编者注：苏美尔是目前发现于美索不达米亚文明中最早的文明体系，也是全世界最早产生的文明之一，可追溯至公元前4500年。

连续稀释法

100010101010100000000010101010101011010100000101010101010010100000

实验材料

→ 牛奶（约570毫升）

→ 5个透明塑料杯

→ 早餐麦片

→ 水（1.2升）

→ 食用色素

→ 量勺

→ 量杯

通过谷物麦片和食用色素学习一项实验室技术吧！

图2：搅拌后，舀一勺麦片放入下一个杯子里。

🪖 安全提示

→ 这个实验最适合在点心时间完成。不要浪费实验中的牛奶和麦片。吃掉它！

实验步骤

第1步： 在每个杯子中倒入120毫升牛奶。（图1）

第2步： 在第一个杯子中加入麦片。

第3步： 搅拌杯子中的麦片和牛奶。从第一个杯子里舀出一勺麦片和牛奶投入第二个杯子里。

第4步： 搅拌第二个杯子里的麦片和牛奶，然后重复以上步骤——舀出一勺混合的麦片和牛奶，放入杯子队列中的第三个杯子里。（图2）

第5步： 比较各个杯子里麦片的数量。

第6步： 吃掉麦片，洗净杯子备用。

第7步： 这个实验的第二部分需要你在每个杯子里装235毫升水。

第8步： 在第一个杯子里加入几滴食用色素，搅拌。（图3）

第9步： 为制作1：10稀释混合物，把第一个杯子里25毫升已染色的水加入第二个杯子里。（图4）

第10步： 为制作1：100稀释混合物，把第二个杯子里25毫升已染色

图1：在每个杯子里倒入120毫升牛奶。

图3：在每个杯子里倒入235毫升水，在第一个杯子里加入食用色素。

图4：把25毫升已染色的水加入第二个杯子里。

的水加入第三个杯子里。（图4）如此反复，直到5个杯子里都有被稀释的已染色的水。

第11步： 祝贺你！这样你就完成了连续稀释。（图5）

第1杯=未稀释混合物

第2杯=1：10稀释混合物

第3杯=1：100稀释混合物

第4杯=1：1000稀释混合物

第5杯=1：10000稀释混合物

图5：你完成了连续稀释工作！

科学揭秘

在科学实验室中，连续稀释法常常被用来迅速、准确地降低液体中化学物质或微生物的浓度。

在早餐麦片的实验环节中，在你每次稀释牛奶和麦片的混合物后，牛奶中的麦片都会越来越少。

食用色素的分子要比麦片小得多，但当你连续稀释水中的食用色素，同样的事情也会发生——你杯中的食用色素分子会越来越少。因此，当你稀释的次数越多时，颜色就会变得越浅。

 奇思妙想

试着在每个杯子里加入同一种已经带有颜色的水，比如黄色的水，而非清水。用另一种颜色的水进行稀释，看看不同稀释度下的颜色将会如何混合。

用数学用具创作艺术

1000101010100000010000001010100000101010100010100000

实验材料

→ 铅笔
→ 直尺
→ 纸张
→ 量角器
→ 圆规
→ 彩笔
→ 颜料

练习使用数学用具的能力，把用工具绘制的线条、圆和弧转化为艺术品吧！

图4：用颜料强化你创造的形状和线条。

实验步骤

第1步：练习用直尺画直线。在纸上绘制一些平行线，用尺子画一些正方形、三角形和其他多边形。（图1）

第2步：沿着量角器描边，并标记一些角度，用直尺画出角。

第3步：试着用圆规绘制一个圆形。这可能需要一定的练习！（图2）

第4步：把你画的线条和形状变为一件艺术品。请发挥创造力！（图3）

第5步：为你的数学艺术大作上色。（图4）

 安全提示

→ 圆规有尖头，儿童必须在成年人的监护下使用圆规。

图1：用直尺、圆规、量角器等数学用具设计图案。

图2：用好圆规可能需要一些练习！

图3：在你的数学艺术大作上发挥创造力！

通过一种被称为"古典构型"的方法，古希腊的数学家可以仅仅用一个圆规和一条相当于无刻度直尺的直棱绘制出几何图形。尽管他们能用这一技术精确绘制许多图案和角度，但在某些任务面前，仍会因简陋的工具而力有不逮。

今天，电脑和绘图软件被数学家、工程师、建筑师和艺术家用于绘制大多数精确图案。然而，你仍会在学校中使用包括直尺、圆规、量角器在内的数学用具，所以，熟练掌握这些用具的使用方法仍然大有裨益。

奇思妙想

用一根细线（或跳绳）和一根粉笔，制作一个巨型圆规。在私家车道上，让一个人手执细线站在路中央，把粉笔固定在细线的另一端来绘制巨圆。把线拉直，用它绘制出跳房子用的格子。

在纸上或私家车道上，用圆规绘制花瓣。以实验18中扇叶的形状作为雏形。

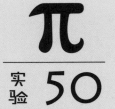

莫比乌斯带风铃

实验材料

→ 普通纸张（或卡纸）

→ 剪刀

→ 记号笔（或蜡笔、颜料）

→ 胶带

→ 吸管（纸制为佳）

→ 细线（或鱼线）

→ 回形针

用被扭成奇异单面环路的双面纸带制作一个风铃吧！

图5：把它挂起来，展示给大家看。

安全提示

→ 在添置完各种装饰后，你可能需要移动风铃上的悬挂物来获取平衡。

实验步骤

第1步： 剪出一些宽约1.5厘米、长约15厘米的纸带。一旦你掌握了莫比乌斯带的制作方法，就可以切割任意尺寸的纸带来用。

第2步： 如果你的纸张是白色的，可以在纸带上添加一些颜色或图案。

第3步： 把每条纸带都变成环形。翻转其中一端，用胶带把它和另一端粘在一起。你可能需要用手指抚平纸上的皱褶。这个奇异的、被扭转的环形被称作"莫比乌斯带"。（图1）

第4步： 再为风铃制作几个莫比乌斯带。

第5步： 为了增添趣味，可以制作一个白色的莫比乌斯带。用记号笔沿着纸带连续不断地画一条线，最终你将回到起点！

第6步： 把2根吸管粘成一个十字来制作成风铃的支架。（图2）

第7步： 用回形针和鱼线，把莫比乌斯带固定到支架上。（图3）

图1：裁出细纸条，用胶带把两端一正一反地固定在一起，以获得一个扭曲的环形。

图2：把2根吸管粘在一起，作为风铃的支架。

图3：用回形针和鱼线，把莫比乌斯带固定到支架上。

图4：寻找风铃的平衡点。

第8步：找到支架的平衡点，把风铃挂起来。（图4、图5）

💡 奇思妙想

　　制作一个更大点的莫比乌斯带，沿中线将它剪开，看看会发生什么。

　　制作一个莫比乌斯带，试着从几个不同的角度描绘它。如果它有投下阴影，记得把阴影也画下来。

科学揭秘

　　莫比乌斯带是一种数学奇观。这一奇怪的环路是用一片双面纸制成的，但它却只有一个面和一条边。在莫比乌斯带上连续不断地画一条线或用手指描摹某条边，最终将回到起点。如果沿中线剪开莫比乌斯带，最终将得到一条更长的环带。

水 果 分 数 动 物

实验材料

→ 水果刀（或塑料刀）
→ 新鲜水果
→ 砧板
→ 牙签

学习分数，然后吃掉你的创意数学艺术品吧！

图5：你还能制作些什么？

安全提示

→ 儿童应在成年人的监护下切割水果。

实验步骤

第1步： 用一把水果刀把一个水果对半切开，如果水果比较柔软，也可以用塑料刀切。（图1）

图1：把一个水果对半切。

图2：再对半切以得到四等份。

图3：把其他水果切成等份。

图4：用牙签串起已被切割的水果块，制造小动物。

第2步： 把同一个水果再次对半切，得到四等份。（图2）

第3步： 把其他水果切成不同等份，如三等份、四等份、六等份和八等份。（图3）

第4步： 用牙签串起已被切割的水果块，制造动物或其他形象。（图4）

第5步： 你还能制作些什么（图5）？

奇思妙想

观察已经被对半切的水果，试着寻找对称图形。用其中的一部分制造水果印章。（参见实验36）

科学揭秘

"分数"一词的拉丁词根意味着"使破碎"。当你把一个物体分割成几份或把它切碎时，你就制造了分数。

不管是对于一个数字还是一个苹果来说，分数都是代表整体某一局部的数字。如果你把一个苹果平均分成两份，并把其中一份拿在手中，你拿着的就是整个苹果的二分之一。如果你把这一半苹果再对半切，并把其中一份拿在手中，你拿着的就是原来那个苹果的四分之一。如果再次对半切，你拿着的就是原来那个苹果的八分之一，以此类推。

古希腊人认识到如果你将某物切割得足够细小，最终将得到一片小到无法再进行分割的碎片。他们把这一片无法再切割的碎片叫做"原子"——时至今日，我们仍然在用这个概念描述物质最小的结构构成。

1000101010100010000000010101010101010101010010000010101010001010000

实验材料

→ 图钉（或已被对半剪开的牙签）

→ 软木板（或珍珠板）

→ 直尺（可选）

→ 彩色细线（或纺纱线、绣花线）

→ 毛根

→ 白乳胶（或热熔胶枪、热熔胶棒，可选）

通过在图钉上缠绕细线制造一系列线段，进而设计几何图形、美丽的图样乃至多彩的曲线。

图3：以重复的图样进行设计。

安全提示

→ 图钉尖锐且可能导致窒息，儿童应在成年人的监护下使用。

→ 儿童应在成年人的监护下使用热熔胶枪。

实验步骤

第1步： 把图钉（或牙签）插进一块软木板（或珍珠板）里。较为年长的孩子可以试着用直尺测量、使图钉之间保持等距，以此来制造更为复杂的图案。（图1）

第2步： 制造几何图案，再通过不断在其中一颗图钉和其他图钉之间绕线以获取重复的图样。（图2）

第3步： 以重复图样进行设计。（图3）

第4步： 也可以试着用牙签（或毛根）制作形状。（图4）

第5步： 在完成设计后，用胶水固定细线。（图5）

图1：把图钉扎进软木板（或珍珠板）里。也可以用直尺测量，使图钉等距分布。

图2：用一条细线（或缝纫线、纺纱线）制作形状和图案。

图4：或者用牙签替代图钉，用毛根制作图案。

图5：在图钉上缠绕细线，用胶水固定。

奇思妙想

弄清如何用绕线艺术制造一条抛物线。（参见"科学揭秘"）

搭建一个能够进行三维设计的框架，如可以用木头和钉子制造一个更为坚固的框架，在上面进行绕线创作。

科学揭秘

线段可以组成许许多多不同的形状，当你把细线从一个点牵到另一个点时，你就是在制造线段。如果你围着一个正方形均匀地布置图钉，你就可以用它们制造出网格。

以特定方式布置的直线可以构成一种被称作"抛物线"的曲线。当你把一个球抛向空中时，球的运动轨迹就会形成这种曲线。

如果要用细线制造一条抛物线，你需要把图钉等距地布置在垂直轴上。然后，用细线连接 x 轴上最靠近两轴交点的图钉和 y 轴上离交点最远的图钉。然后把第二靠近第一个（在 x 轴上）图钉的图钉和第二远离 y 轴的图钉连接起来，以此类推，建立一个抛物线。

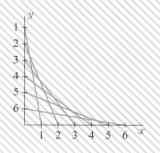

Malcolm	Sarah	Kyra	Carissa	Sean	Ethan	Elena
Nora	Harper	Cece	Cela	Django	Aurora	Celestino
Liam	Soren	Haakon	Summer	Arbel	Rimon	Carlo
Enzo	Divya	Kirin	John	Georgia	Henry	Lauren
Anna	McKenna	Zach	Ella	Mason	Ayla	Bridget
Dylan	Griffin	Johanna	Ana	Zayna	Maggie	Khalil

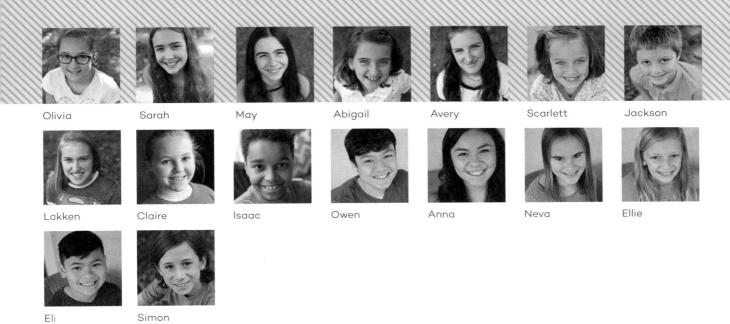

Olivia Sarah May Abigail Avery Scarlett Jackson

Lakken Claire Isaac Owen Anna Neva Ellie

Eli Simon

感谢这些孩子对完成实验所作的贡献！

致　谢

若没有我的家人和朋友，这本书就不会存在。特别鸣谢以下人员：

→ 我的父亲罗恩·李，他是我的物理（也是历史）顾问。

→ 我的母亲琴·李，是她一直支持我对艺术的痴迷并不厌其烦地与我讨论科学问题。

→ 我的丈夫肯，为使我能够进行科普写作，他在办公室度过了许多日子，又利用了许多夜晚和周末在家工作。

→ 我的孩子，查理、梅和萨拉，他们用创意想法、幽默和耐心支持我科普写作的工作。

→ 我的婆婆珍·海拿克，她在早教工作中用艺术启发了无数孩子，并与我分享了她的想法。

→ 乔纳森·西姆科斯基、瑞妮·海恩斯、大卫·马丁尼尔、玛丽·安·霍尔和出版社的设计团队。

→ 安柏·普罗卡西尼，在她的照片中，科学带来的快乐显得如此鲜活。

→ 麦肯娜，是她设计了实验28，还有萨拉，是她研发了实验12。

→ 珍妮弗，她允许我们为了科学而侵扰她的后院。

→ 希瑟·R·J·弗莱彻和明尼苏达出版艺术中心，他们给了我大理石纹样纸张的灵感。

→ 明尼苏达圣路易斯公园Ax-Man二手商店的人们，是他们教会我如何制作刷毛机器人（实验19），并帮我找到适用于风力发电机（实验18）的马达。

→ 立体书艺术家马修·莱恩哈特，正是他在"科学星期五"节目中播出的"制作完美弹出物"视频，将我引入弹出与折叠的立体书世界。

→ 那些用微笑为这本书增色的、聪明的、幽默的、美丽的孩子们。

关于作者

自她年龄长到能够独立观察第一只毛毛虫开始，**丽兹·海拿克（Liz Heinecke）**就爱上了科学。在从事分子生物研究十年之后，她离开了实验室，翻开了作为家庭主妇的新篇章。她对科学的热爱很快感染了她的孩子们，于是她开始把他们的实验和冒险故事分享到"Kitchen Pantry Scientist"（厨房食品柜科学家）网站上。

在这段时间里，丽兹不断出现在电视节目上，她制作了许多科学视频，并在线上线下进行了一系列科普写作。她的作品包括《给孩子的厨房实验室》、《给孩子的户外实验室》等。在接送孩子和提供科学延伸服务之外，你会发现丽兹待在明尼苏达的家中，或是唱歌，或是弹奏班卓琴，或是绘画，或是跑步，总之，她竭尽一切可能避免被家务事缠身。

丽兹毕业于路德学院，主修艺术，辅修生物学。她在威斯康星大学的麦迪逊分校取得了细菌学的硕士学位。

关于摄影师

安柏·普罗卡西尼（Amber Procaccini）是一位主要活跃于明尼苏达州明尼阿波利斯市的商业配图摄影师。她善于拍摄儿童、婴儿、食物和旅行照片，她对摄影的热情几乎可以与她追求完美墨西哥卷饼的热情相媲美。安柏与丽兹结识于丽兹第一本书的摄影工作——《给孩子的厨房实验室》，当安柏发现她们都喜欢酸黄瓜、法式馅饼和布里干酪时，她就知道她们俩将成为绝佳的搭档。在给眼花缭乱的青少年和诱人的食物拍照之余，安柏和她的丈夫酷爱旅行、探险。

关于MOUSE

Mouse是一个全美范围内、非营利性的青少年发展组织，它相信科技是有益的力量。它致力于使所有学生都能够利用技术创造解决实际问题，并改善我们的生活。

Mouse是基于互联网技术的学习平台，Mouse Create专为年轻人设计，旨在培养青少年创造性地将设计和技术运用于周遭世界的能力。Mouse Create提供了涉及"STEAM"（科学、技术、工程、艺术、数学）多个领域的动手项目，包括电路搭建、编程、绿色科技、游戏、缝纫工艺等。

Mouse激励着年轻人成为这个数字时代的发明家、创造家和富有创意的问题解决者。了解更多详情，请访问他们的网站：mouse.org。

译后记

编辑联系我写这篇译后记的时候，正值2019新冠病毒的疫情肆虐，所有的省、直辖市和自治区都启动了公共卫生一级响应机制的时期。春节假期之后，本该早已复工复学，但无奈中大家居家办公、学习。

今天早上我算了一下，我和孩子已经连续25天憋在家里。自从他上了幼儿园之后，我们还从未有过这么长的时间每天耗在一起。最初的几天休息之后，无论是我还是孩子，都不知道该干点什么好。孩子似乎很享受父母长时间陪伴的日子，但又隐约感到事情不妙，而且不知道这样突如其来的全方位陪伴可以持续到什么时候。

他焦虑了，我也焦虑了。

我们把能想到的东西都画了个遍，家里的玩具从头到尾玩了5轮，各种绘本翻了3遍，动画片早就看腻了……这个时候，英语和数学的在线教育机构频频打来电话推销它们的网课。

无意中，我想起了之前翻译过的"给孩子的实验室"系列图书。我尝试着和他一起做了几个小实验。在我看来，实验特别简单，甚至称不上是"做"实验。用科学实验的标准来衡量，可能只算得上是演示了一个小变化、制作了一个小作品。

但是，在这将近1个月的宅家生活中，那一个个演示小变化、制作小作品的下午，是他最快乐的下午。我到现在还记得，他手脚并用，兴奋极了。实验用过的材料到现在也舍不得扔，每天就摆在自己的小桌子上不让别人碰。有一个实验需要用到气球，他毫不吝啬地拿出了自己珍藏的生日气球给我用。过去让他饭前便后去洗手，他磨磨蹭蹭拖延时间。但是在实验前和实验之后，他自觉主动去洗手，自己开灯搬凳子，自己认真清洗了手指头缝隙的每一个角落，然后庄重地把手擦干。

你看，对于孩子来说，这份庄重，就是他心目中科学实验的意义。对他来说，一个小变化的演示，充满了魔法，不亚于故事里女巫的神奇帽子和魔法城堡的吸引力。对孩子来说，更有魔力的是父母和他一起摆弄这些小材料、观察这些小变化、制作这些小作品。这就好像是，我们带领他掀开魔法世界的一角，泄漏出来的魔力足够把他拉进去。

其实，对父母来说这件事的收获可能远远大于孩子。

"不知道可以和孩子玩什么"，不是孩子的问题，而是父母的难题。玩得安全，玩得高级，玩得投入，玩得实用，是这本STEAM实验的精髓。你甚至都不需要做任何科学讲解和说教，你只需要把活动本身持续进行下去，孩子会自动输出各种各样的"为什么"、"然后呢"、"天啊"、"再玩一个"……

我还记得自己很小的时候，住在郊区村子的平房里。假期可以玩的就是观察地上的蚂蚁。我尝试偷取厨房里的酱油、醋、花生油、洗涤剂轮番骚扰蚂蚁，看看蚂蚁对这些东西有什么不同的反应。这样的活动我可以一个人持续玩上好几天也不会厌烦。现在，我们有了这套《给孩子的STEAM实验室》，你和你的孩子有了共同观察和体验的机会，你们有了更可靠和更合适的"酱油醋"。

高爽

德国海德堡大学博士，天文科普工作者，本书译者

2020年2月

52 个动手动脑的创意实验，探索科学、技术、工程、数学与艺术的联系

给孩子的实验室系列

扫码关注
获得更多图书资讯